自然農1年生　畑は私の魔法のじゅうたん

JN091859

銀色夏生

角川文庫
23251

自然農1年生　畑は私の魔法のじゅうたん

私が自然農を始めたいきさつ

2年前（2020年）の夏。

ホームセンターでふと見かけた野菜のポット苗を買ってきて、庭先に植えた。きゅうり、ピーマン、ミニトマト、オクラ。でもその頃は東京と宮崎を半月ごとに行ったり来たりの生活だったのでちゃんと手入れすることができず、2週間ぶりに帰ってくると大きなお化けきゅうりが1本、ドーンと地面に横たわっていて、トマトは熟したものが下に落ち、オクラは小さいまま育ってない、という状態だった。いつもいるわけではないのでまだ野菜は育てられないのに、どうして苗なんて買ってしまったのだろう？

失敗した。それでもできたものは料理して食べた。大きなきゅうりも薄切りにしてサラダにした。

その時はまだ、これから野菜を作りたいとは思っていなかった。なんとなく、花の苗を買うのと同じような気軽さで買って植えただけだった。

ただ、もしかするとちゃんと手をかけたらちゃんと野菜を作れるかもしれないという漠然とした可能性を感じた。


数カ月後の秋の夜。

テレビを見ながらひとりでごはんを食べていた私は突然、孤独のようなものを一瞬、感じそうになった。シーンとした夜。大きな空間にひとり。

静かな庭とにぎやかなテレビの声とごはん。その中で、寂しさのような、なにか、胸の奥がスーッと悲しいような、怖いような感じの一歩手前。

ううむ。

孤独そのものではないが、もしかすると今後、そんな気持ちを抱えて生きるとしたらすごく嫌だなと感じさせるようなものだった。

今まで私は自由に、できるだけ好きなように生きてきた。いつもやりたいことで胸がいっぱいで、寂しさなんて感じなかった。ひとりになって、その自由の結果の今後の残りの人生が寂しいとしたら、人生として失敗だ。そんなことにはしたくない。

どうしよう。どうにかしなくては。

ここでその頃、私がおかれた状況を説明する。

来年の春、下の息子が就職して引っ越す。上の娘はすでに独立している。すると私は東京の賃貸マンションにひとりになる。仕事は宮崎にいてもできるので東京に部屋を借りてひとりで暮らす必要はない。東京にずっといたいとは思わない。宮崎の家に帰りたいという気持ちも特にないけど、コロナも流行し、今後いつまで仕事を続けるかわからない以上、部屋代を払う必要のない自分の家に帰れば収入を得る必要からほぼ解放される。そういうことを考えて、喜んでというよりは、まあしょうがない、これも自然の流れ…という気持ちで宮崎に帰ることを決めた。

今まで私はどこに住んでいても、ここにずっと住みたいと思ったことがなく、あちこち引っ越しながら旅人のような気分で毎日を過ごしてきた。どこかに「終《つい》の棲家《すみか》はここだ！」という、よく人の話の中にでてくるような「運命の場所」があるのではないかと思っていたけれど、どこにもなかった。

20年前、宮古島《みやこじま》が好きだったので土地まで買ったが、なぜか物事がうまく進んでいかず、結局宮崎の実家の近くに家を建てた。負荷がいちばん少ないだろうという判断で。そしてその数年後にはまた東京に部屋を借りて、子どもたちと住んでいた。

私はあまり孤独というのを感じたことがない。

若い頃は、静かで透明な美しい孤独のようなものを感じたことがあったけど、それは見えない未来に対する緊張や興奮と共にあった。これから長い長い人生を生きなければならない。そう思うだけで胸はいっぱいになり、忙しいような気持ちになった。いつも突き動かされるように、爆発するようなうれしい気持ちや先の見えない混沌《こんとん》の中で詩や絵や写真の本を作ってきた。

その後、仕事をしながら、2度の結婚、出産、離婚、そして子育ての日々を送った。仕事をしていると充実感があり、子育ては責任と喜びを与えてくれた。それらが私を満杯に満たしていたと思う。

離婚した理由は、今、しみじみと考えるに、私は自分で考えて自分で決めてその結果を生きてみたかった、こうしたらどうなるかというのを見たかった、他の人と協力して生きるということが向いていなかったからだろう。だからいくら相手が変わっても同じ結果になると思う。

春から、私はひとりの私の人生に戻る。

仕事も結婚も子育てもしたし、もう人間として生まれた責任はほぼ終わったような気がする。これからが本当の自由な人生になる。

今までどこにも根付かなかった私が自分の家に根付くとしたら、どんな気持ちになるだろう。さっきの孤独や寂しさのようなものを感じながら生きたくはない。私をずっと満たしていた仕事と子育てがなくなっても、私の命そのものだけで得られる充実感が欲しい。それがあれば孤独ではなくなるというような何か。他に依存しない、一生ものの何か。

今までは本づくりがあったから大丈夫だった。本という自己表現があればよかった。これから、仕事の需要がなくなっても、仕事をしなくなっても、歳をとって体の動きがままならなくなっても、思いがけない社会変化や天変地異が起こっても、おだやかな平和な気持ちで、自分なりに満足して生きていきたい。

そのためには……。

あの孤独感を払しょくできるような何かがあるだろうか。

強くて、限りなく自由なもの。私が若い頃によく感じていた素晴らしい瞬間を、感じ続けながら死ぬまで生きていきたい。

そうでなければ何かが間違っていると思う。そうでなければ、私は人生の方向を間違っていると思う。

人の人生とはそんなものではないはずだ。

だとしたら、あの孤独のようなものを寄せつけないために何が必要だろう。そういう心境になるにはどうしたらいいのだろう。

その頃、私は暇な時、YouTube の動画をあれこれ見ていた、さまざまなジャンルのものを。その中のひとつに、自然農のチャンネルがあった。「島の自然農園」というタイトルで、愛媛県の島で自然農による営農をされている方が日々の作業を紹介しているチャンネルだった。いつも最後にその時に思っていることや自然農の先生である川口由一《かわぐちよしかず》さんが言っていたことを話してくれる。ある日、話された中に次のような言葉があった。

「豊かさとは、ものの多さなどではなく、豊かだという感覚がこんこんと内側から湧き上がってくるということです」

私は職業柄か共感力がとても強いので、その「こんこんと内側から湧き上がってくる」を聞いた時、本当に内側から湧き上がってくるものを感じることができた。

それから次のような言葉に、ハッとした。

「野菜がわずかな量しか採れなくても、そこに質の高い生命《いのち》が凝縮していると捉《とら》えればいい。私たちの身体と心が質の高い生命を取り入れれば、ほんの少しの量で、健康で楽しくいきいきと生きていける。私たちが健康に生きていくのにはそれほどたくさんの生命の量を必要としない、ということをしっかりと知ることです。それがわかれば、とても深い安心感を得ることができます」

とても深い安心感。

そうか。これか。

私の孤独を払しょくしてくれるのは。

たぶん今までは本作りの扉からそれが来ていたけど、これからはもっと本質的で、広く、何にも依存しない揺らがないものでなきゃいけなくて、それはこれかもしれない。

何かがひらめきそうになった。

まだはっきりとしてないけど、安心できるものは確かにある、と感じた。


そんな秋のある日。

冷蔵庫の野菜室に入れていたニンニクを見たら、根っこが出ていた。そのニンニクは近所の直売所で買ったもので、一粒一粒バラされてビニール袋に入って売られていた。作った方の名前も書いてあった。小ぶりで、皮が薄い紫色。サツマニンニクという種類らしい。

小さな粒からたくさん出ている根っこを見ながら、うーん、どうしよう。もう食べられないなあ…。捨てるしかないか…。

そうだ。庭に植えてみよう。捨てるよりいい。

私はその30粒ほどのニンニクを手に、玄関わきの花壇に向かった。そこは夏にピーマンやオクラを植えていた場所。ちょっと湿ってるような、あまりいい土ではないけど。

土にグイッと穴をあけ、ニンニクを一粒、一粒、入れていく。根が下になるように…。そして、土を戻して、押さえてポンポン。

10日後、その場所を見ると、ひとつ、逆さまに植えてしまったようで土がドーム状に盛り上がっている。あわてて土をよけて上下を正して植え直す。発芽の力はすごい力だ。それ以外のは、緑色の芽が出てきていた。

11月。今までは半月ごとに行ったり来たりしていたけど、冬は庭の作業で特にやることがないし、引っ越しの準備があるので、3月まで東京にいることにした。最後にえんどう豆と絹さやの種を蒔《ま》いておく。

東京に戻って、引き続き「島の自然農園」の動画を興味深く見ているうちに、私も春から自然農をやってみたいとだんだん思うようになった。

私も自然農をやって、内側から湧き上がってくる豊かさを感じたい。

他人の尺度に惑わされない絶対的な境地に立ちたい。

何も気にならなくなりたい。

これが自然農をやろうと思った動機です。

その後、川口由一さんやその他の本を数冊買って、読みかけたけどよくわからなかったので、まあ、とりあえずやり始めて、実際に経験しながら進めていこうと思いました。

その頃は、慣行農法と有機栽培、無農薬栽培、自然農法、自然農の区別がつかず、初めて「カンコウノウホウ」という言葉を聞いた時は「観光農法」なのかと思った。なにか観光と関係する農法か？（一般的な農法のことだった）

自然農の基本は、「1. 耕さない　2. 肥料・農薬を使わない　3. 草や虫を敵としない」だという。この基本を最初に知った時、めんどうくさがり屋の私は「これは自分に合ってるかも」と思った。計量が苦手なので肥料や農薬は嫌だ。耕さなくていいなら楽だろう。草むしりも必死になってしなくていい。虫は…苦手な虫もいるけど殺虫剤を撒《ま》かなくていいというのがいい。

春に戻って来て、えんどう豆と絹さやがワイヤーフェンスに絡んで伸びて、たくさん生《な》っているのに驚いた。放っといてもできてる。摘んで食べた。

4月2日　畝《うね》立ては「世界創造」

本をちょこちょこ読んでいたら、地面に鍬《くわ》を入れるのは最初の一回、畝立ての時だけらしい。一度畝を立てたら、できるだけ土を動かさないようにして何年も作り続ける。刈った草を敷いて、それが朽ちて土に還《かえ》り、栄養になる。

畝立ては町づくり、国づくり、世界づくりのようなもの。

世界創造だ。

箱庭、都市設計、私の庭作りにも似ている。なので、畝立てというのはとても神聖な行為なのだと私は感じた。

自然農をやってる人からちょいちょい聞く「みみず屋」さんというところに鍬とノコギリ鎌を注文した。基本的にはこの二つとスコップがあれば作業はできるそう。

種は「野口種苗」でいろいろ注文した。初めてなのでいろんな種類の野菜を作って様子を見たい。最初からうまくできるはずはないので、3年間は実験だと思って無の状態から、やりながら気づくということを重視しよう。

そう思いながら、２０２１年4月2日、畝立て開始。
私の畑は、家のすぐ前の、母が昔、畑をしていた土地の一角。畑のあとは梅畑にな

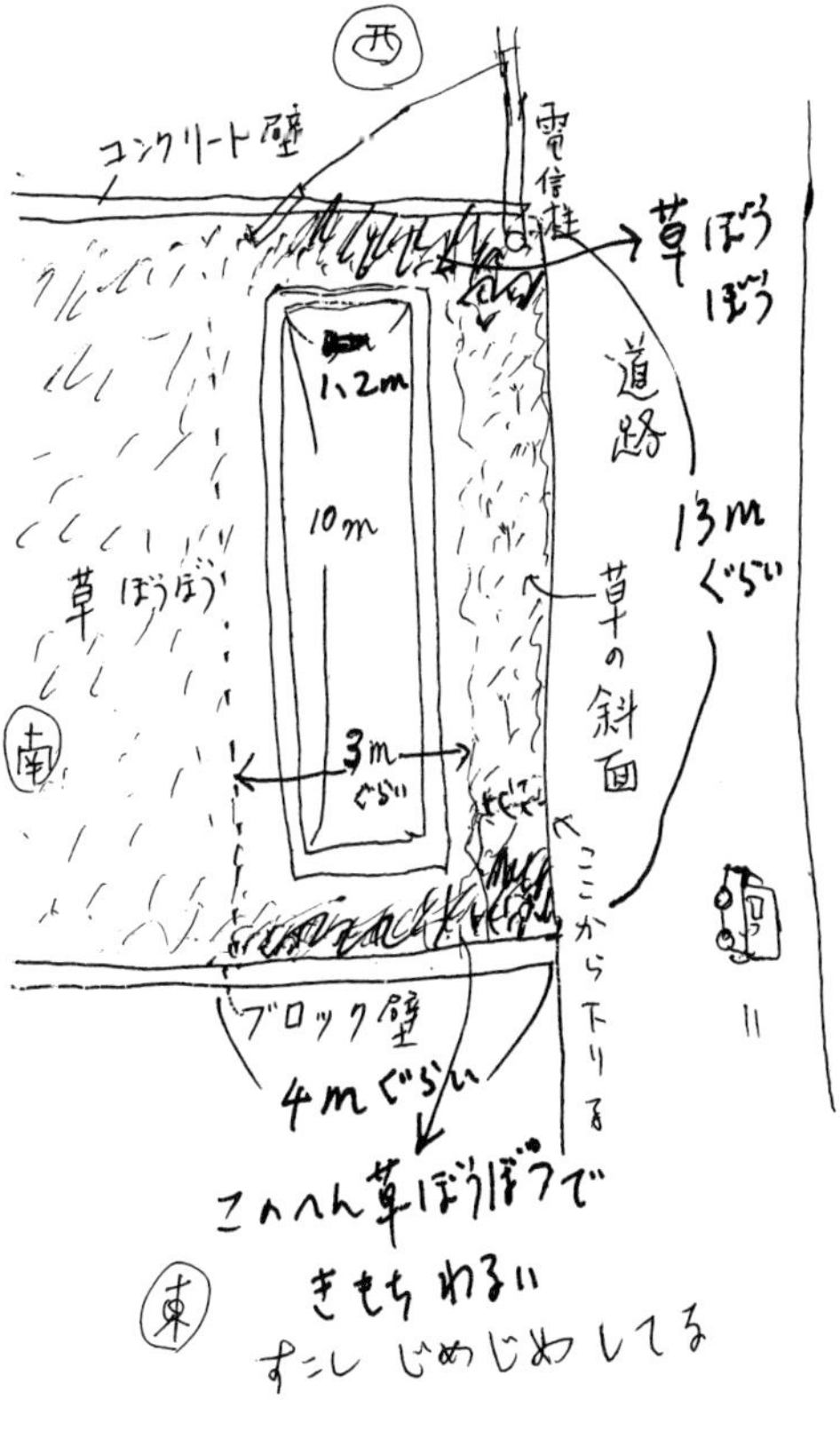

って、その梅もやがて切られ、ここ10年ほどは草が生えるに任せていて、ときどき兄が草刈りと耕運機を使って掘り起こしている。その土地の、道路に面した4メートル×13メートルほどを私の畑として借り、1・2メートル×10メートルの畝を立てることにした。

セイタカアワダチソウやチガヤなどが生えている。いったん地上部をノコギリ鎌で刈り取る。それから長さを計って、通路になる幅にスコップで切り込みを入れた。

そこの土を鍬で畝にすくい上げる。そして土を均《なら》して完成。

長方形の国の基礎ができた。

種まきの失敗

畝を立てたら種まきだ。

まず種をまく場所にノコギリ鎌を入れて宿根草《しゅっこん》の根をザクザクと切るらしい。そうしようとしたら、この場所は今まで草が自由に生えていたので、大きなミミズがいっぱいいる。ミミズを切ったら嫌だなあ。ノコギリ鎌を土に入れるのが怖い。切断したらどうしよう。ミミズは本当に苦手。

で、地下茎で伸びる草の根がたくさんあったけどそれらを切らずに表面をなんとなくならして済まし、そこに種をまいた。水彩画のパレットのように、十数種の種を30センチ四方に次々とまいていく。

レタスセット、ほうれん草、ちぢみ菜、ブロッコリー、キャベツ、春菊、小かぶ、二十日大根（ラディッシュ）、大根、人参《にんじん》、トマト、なす、ピーマン。

そしてその上に刈草をかぶせた。

毎日様子を見に行って、数日後、小さな芽が出てきた。うれしいったらない。

そして、失敗に気づくことになる。

小さな小さな芽がたくさん。そのあいまに細い針のような宿根草の芽が出てきている。たぶんチガヤやユウスゲの芽。見つけるたびに抜こうとするけどチガヤはするっと上だけが抜けて、ユウスゲはプチンと千切れる。宿根草だから根が地中深く広がっていて抜けたり切れたりしたところからまた新しい芽が出てくる。それでも表面だけでも取り除きたいので、その作業が大変。地面に顔を近づけて丹念に抜く。スルッ、プチン。スルッ、プチン。

やはり、宿根草の根をよく取っておくべきだったのだ。でももう今からはできない。土を掘り返すとこの小さな芽を傷つけてしまう。

なので背中を丸めてコツコツ、地上部を取り去る。取っても取っても出てくる。すごいストレスだ。次からは絶対に宿根草の根を取り除いてから種を蒔《ま》こうと誓う。

新芽の味に驚愕《きょうがく》

種まきの失敗はもうひとつあった。

種の袋の中には小さな種が何百個も入っていた。こんなにたくさんあるし、いっぱい芽がでるようにとせまいところにぎっしり種をまいた。

すると、ぎっしり発芽した。密にまきすぎた……。

で、草取りと同時に間引きを開始した。狭い狭いすきまの草を取り、密になってるところでは芽を抜き、かなり神経を使った。その間引きした芽がもったいないので、お茶碗《ちゃわん》に集めて食べることにする。

新芽の間引き菜。スプラウト。

最初にいくつかを洗ってひとつずつ食べてみた。

そして驚愕。それぞれの野菜ごとに味が違い、しかもちゃんとそのものの味がする。いや、もっと味が凝縮されているかも。ネギの細い新芽、針のように細いのにネギの味がする。春菊も大根もキャベツも。すごい。

そういえば去年の秋に試しに花壇に植えてみたごぼうも小さい芽がふたつ接近して出たのでひとつを抜いたら、根っこが1センチぐらいのごぼうのようになっていて、食べたらごぼうの味がしたことを思い出した。

集めた新芽には細い根に土がたくさんついているので、何度もボウルを移し替えて洗った。何度も何度も繰り返す。やっときれいになったところを、小さな器、一杯分くらいのスプラウトサラダにする。塩コショウとアマニオイルを慎重にふりかけ、ふわっとすくって、味をかみしめるようにして大事に食べる。

おお。今まさに、非常に貴重なものを食べている、と感じた。

純粋な命そのものの味、というのか。

今まで食べていたサラダの味わい方と全く違う体験だった。「質の高い生命《いのち》が凝縮していれば、ほんの少しの量でも満たされる」というあの言葉がよみがえる。

いいなあ、これ。と、うれしくなった。

種から育てた野菜と買ってきたポット苗の野菜

種をたくさんまいて新芽はまあまあ出た。ぎゅうぎゅう詰めだったけどどうにか少しずつ育っている。中には芽が出ないのもあった。

ホームセンターに行くと、ポット苗がたくさん並んでいた。ミニトマト、かぼちゃ、オクラ、スイカ。ずいぶん大きいなあと思いながらそれらの苗を眺める。

この苗を買って、植えてみようか。こんなに大きくなっている苗を植えたらすごく楽ちんだ。ちょっと反則のような後ろめたさを感じながらも、これはいいアイデアだと思った。

で、買ってきた苗を畝の横の斜面の下あたりに植えてみた。かぼちゃとスイカにはウリハムシがすぐについたのでビニール袋を切って囲ってみたけど効果なしだった。なのであきらめて放っとくことにした。虫に食べられて葉っぱが食い尽くされそう。防虫ネットを買ってきて覆ったりもしたけど、見ているうちになんとなく違う気がして取り外してしまった。

しばらくたって、種から育てた野菜と買ってきたポット苗の野菜はなんだか違う、と感じはじめた。

私が買ったポット苗の野菜は、最初はすごく大きくて立派だけど、畑に植えると虫がいっぱい寄って来てたくさん葉っぱを食べられる。でもそのままにしておくとそのうち盛り返して葉が茂っていく。

私が種を蒔いた野菜は、最初、生長が遅かった。トマトとなすとピーマンは特に遅くて、2カ月ぐらいはほとんど小さいまま。数センチ。トマトなんて2、3センチのままで、もうなくなってしまったのかなと思ったほどだったけど、それが夏になって8月ぐらいからどんどん大きくなっていった。ポット苗のトマトが青枯れ病で枯れてしまった後も、種から育ったトマトは9月を過ぎても伸びていた。

ポット苗の野菜の土は栄養豊富なので最初の生長はいいけど、もしかすると弱いのかもしれない。種から育った野菜は、生長は遅いけど丈夫で長持ちするのかもしれない。

これは今年の私の畑のことなので一般的なことはわからないけど、私が受けた印象はそうだった。

でもポット苗で買った細長い唐辛子と丸っこい唐辛子はよく育ったのでそれはよかった。

今まで苗売り場に行くと、野菜の苗をあれこれと憧《あこが》れ半分で眺めてはちょこちょこ買っていたけど、それからは心が惹《ひ》かれることがなくなり、苗売り場にもほとんど行くことがなくなった。

自分で種から育てた野菜の方がいいと思う。

何かが違う。その理由はまだわからないけど。

雑草、価値観の大転換

自然農では、まわりに生えている草をどんどん刈って敷いていく。土が乾燥することを防ぐし、肥料にもなる。

土を裸にしてはいけないんだって。なので畝の上や周囲の草を刈っては敷いていった。でも春の頃はまだ草もそんなにたくさんはなくて、もう敷く草がないなあということもしばしばあった。

草の中でも、硬くてチクチク痛いような草ではなく、柔らかいのがいいなあと思い、立って周囲を見回す。

あそこらへんのあれがいい、と思ったらトコトコ行って刈ってくる。でも刈るとほんのひとにぎり。そんなにたくさんにはならない。

ある日、そういうふうにして新しく育った草をちょこちょこ刈っては野菜の新芽の脇に敷いていた。ちょこちょこ刈る、そっと敷く、を繰り返していたら、もう目ぼしい緑色の草がなくなった。

しょうがないのでちょっと硬い草だけどそれを刈って、敷く。硬い草を刈る、敷く、

な草があった。を繰り返していたら、すぐ近くにこんもりとまあるく放射状に広がったやわらかそう

ラッキー！　こんなに近くにいいのがあった！

といそいそとその葉を刈って、敷いた。

と、その時に気づいた。この草は、ついこのあいだまで、草刈りは大変だと言って忌み嫌っていた同じ草ではないか。あの時は、定期的に刈らなければいけない嫌なものとして草をとらえていた。「草むしりが大変」と言う時の「草」だ。

でも今は、草は野菜の栄養。宝物のように貴重なものとしてとらえている。なければいいと思っていたものから、貴重な宝物、への転換。

目的が変わったから、価値が変わったのだ。

それは私にはとても衝撃的な体験だった。嫌なものが価値あるものになる。その可能性を知った、ということでもあった。

あのニンニクがどうなったか

去年、冷蔵庫で根が出てきたので花壇に植えたニンニク。

葉の先が黄色く変わってきたら掘り出す時季と聞いたので掘り上げてみたい。だい

たい6月ごろと言われているが、今はまだ5月。でも気になるのでやってみる。

そっと掘り起こしたら、まあるい小ぶりのニンニクができてる、できてる。

わあ。

ちょっとまだ早いかなと思ったけど、手が止まらなかった。

全部で十数個。もともと小さなニンニクだったからか、その中でも特に小さなニンニクは、栗のようなしずくのような形で、いくつもに分かれていないひとつの丸いニンニクに育っていた。かわいい。

収穫の喜びを感じる。えんどう豆もうれしかったけど、植えたものが土の中で実るのはまた違った驚きだった。

花壇のようにしたいなんて…

よく見ないとわからないような小さな芽しか生えていない畝がとても寂しく見え、早く緑いっぱいの生き生きとした畑にしたいと思った私は、「そうだ！　花を植えよう。花と野菜が共存する花壇のような畑にしたい！」とさっそく花の苗を買いに走った。

今思うと、浅はかだったと思う。

でもその時はウキウキ気分。

苦手なマリーゴールドが野菜苗と一緒によく売られているのは害虫除《よ》けだと知って、なるほど！　と思い、マリーゴールドを数株買った。それ以外にも、さまざまな色のケイトウ（赤、朱色、オレンジ、黄色）、百日草、ミニひまわり、アスター、コキア。

それからオリーブの木まで。

それらを畝の中や周囲に植えたら、とてもかわいらしくなった。

よしよし。

オリーブは、迷った末に畝の真ん中に植えた。オリーブの木が真ん中にある畑なんて素敵、と思ったから。

畑の北東の角の草の斜面には、ネムの木の苗を植えた。それは私の家の庭のネムの木から出てきた芽を取ったもの。そして、西の端にはレモンの苗を植えた。

だんだん寂しくなくなった。


でも野菜が育ってきたら、花がとても邪魔になってきた。マリーゴールドも百日草も、畝の外に移植した。オリーブの木は冬になったら移植しよう。

花壇のようにしたいなんて思ったけど、庭先ならいいと思うが、小さな畑では野菜をできるだけたくさん育てたい。今度から花は畑の外に植えよう。

ついに私も風車の主《あるじ》

よく畑に突き刺さっている色とりどりの風車。

かつてはそれらをほほえましい気持ちで眺めていた。飾りかなあなんて。それとも鳥除けとかモグラ除けにもなるのかな、なんて。まあ、遠い世界だった。

でも今、自然農をやっている人の畑でその風車が回っているのを見て、なんとなく気になりはじめた。私の畑にもモグラがいる。

あれが欲しい…。鳥やモグラが来なくなるかもしれないし。効果がなかったとしても、かわいいし。自分で作ろうかと思い、作り方を調べたらちょっと面倒くさかった。

そして、先日道の駅の苗売り場に行った時、手作りの黄色い風車が売られていた。ペットボトルに色をつけたやつ。1本だけあって、200円。ここで見るのは初めてだ。

ふうむ。しばらく考えて、買うことにした。レジに持って行ったら、「手作りで作ってこられて、最後の1本なんですよ」と言う。よかった、買えて、と思った。

さっそく畑の真ん中に刺した。すぐに勢いよくクルクル回り始めた。

わあ。すごい。ものすごくうれしかった。

ついに私も風車の主。

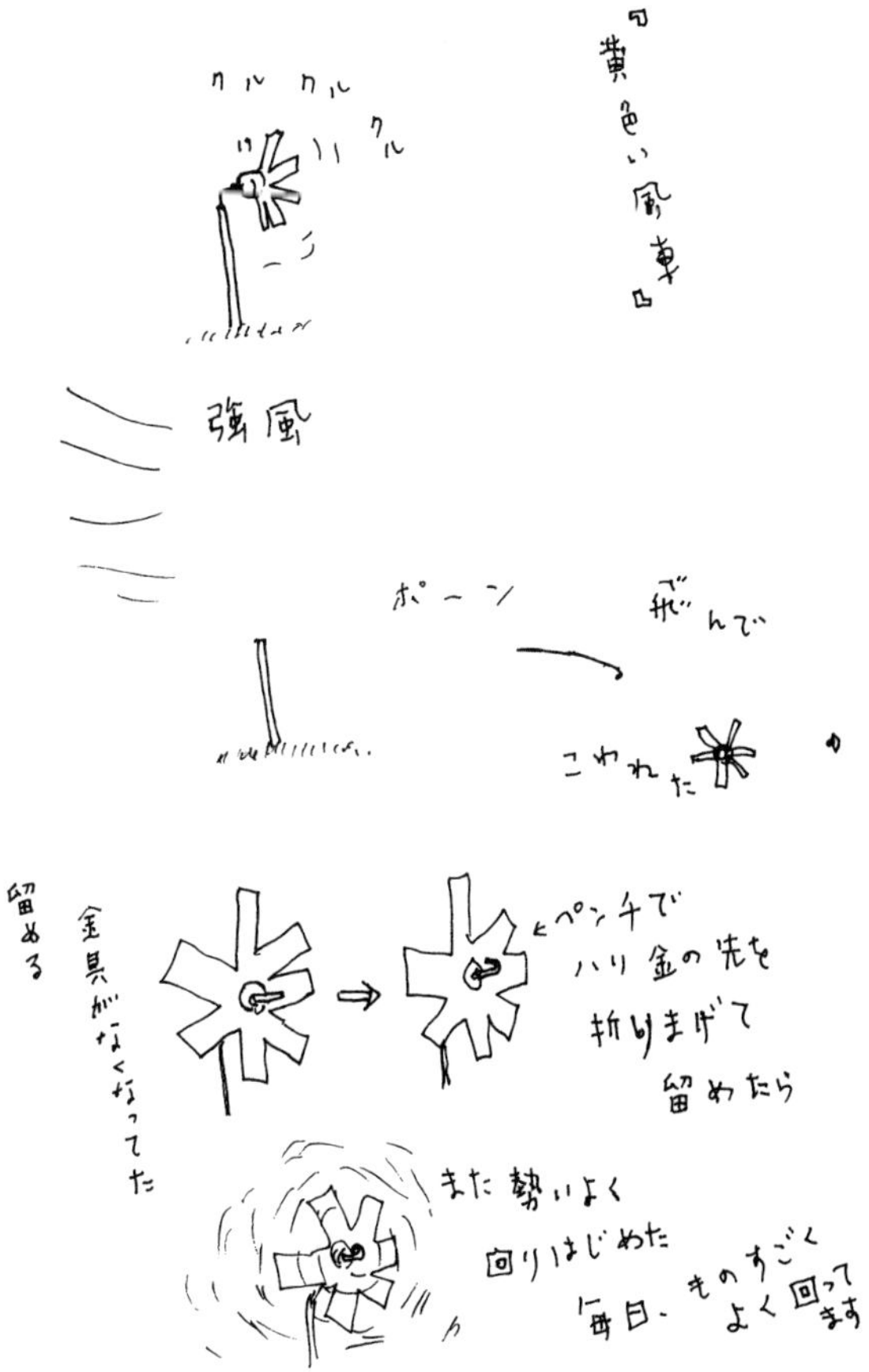

『黄色い風車』
クル クル クル
強風
ポーン
飛んで
こわれた
金具がなくなってた
←ペンチで
ハリ金の先を
折りまげて
留めたら
また勢いよく
回りはじめた
毎日、ものすごく
よく回ってます

それからずっと私の畑で毎日、回っている。

しばらくたった頃、とても風が強い日があった。

強風が吹き荒れている。畑に行ったら、いつもの黄色いクルクル回る風車が見えない。竹の棒は立っている。風車は？

飛んで落ちていた。留め金か何かが外れたみたいだ。他に部品がないかずいぶん探したけど見つからなかった。いつもカラカラと回り続けていた風車。なくなると寂しい。ガックリと肩を落として家に持ち帰る。どうにか再生できないだろうか。

留め金みたいなのがなくても、針金の先を曲げたら留められるかもしれない。ペンチを持って行って、風車を針金に通して先をペンチで曲げて留めてみた。

するとまた勢いよく回り始めた！

よかった〜。それ以降いつもそこでカラカラ回っている。もう仲間のようです。

間引き菜をもったいないと思ったせいで不便なことになる

小さな小さな間引き菜をサラダにして食べてもいたけど、少し大きくなったものは別の場所に植えたら育つかも、と考えた。なので畑の中のすき間を見つけてはそこに植えこんだ。根づいたらラッキー、という気持ちで。

そして…、どこに何が、どれくらいの生長度で植わっているかがわからないという複雑な畑になってしまった。葉っぱを見ただけではそれがどの野菜なのか私には判別がつかない。あっちにもこっちにも散り散りばらばらに何かが生えている。しかもそれは草なのかもしれない。

特に細かくそこらじゅうに植えてしまったのが、チコリ、レタス、春菊、ネギ、ちぢみ菜、ほうれん草だった。もうわかりづらいことこの上ない。

あちこちチョコチョコ掘り起こしたので畝の表面はデコボコになるし、何かを収穫しようとしても、あっちこっちに行かなくてはいけないし、それがいったい何なのかわからなくなるしで、もったいないと思ったばかりにとても不便になってしまった。

ひとつの種類の野菜はちゃんと1カ所で育てないと、収穫しづらく、また管理もしにくいということを知った。次からは間引き菜をあちこちに植えたりしないようにしたい。

春の葉物はどうなるかがわかった

さて、私がまいた種は、袋に春に植えてもいいと書いていたのだが、実際に植えてみてわかったことがあった。虫は葉物野菜が大好き。自然農だとそのままで育てるので、ちぢみ菜とほうれん草と小松菜はすぐに虫食いの穴だらけになった。

そうか…、ちぢみ菜やほうれん草は冬に植えた方がよかったなあ。

確かに、冬によく食べてるわ。

と、あとで気づいた。なのでそのまま虫に食べられるままにすることにした。小さな丸い穴が夜空の星のように何十個も何百個も開いている。こんなに小さくて穴だらけのちぢみ菜やほうれん草や小松菜は食べたくない。

私の畑の野菜はどれも生長が遅く、小さいなあ。


しばらくたった頃。

畑の手入れをしていて、その穴だらけの小松菜にふと指が触れた。葉物は穴だらけで、放りっぱなし。すでに景色の一部になっていた。でも、その指に触れた小松菜がとても柔らかかった。

うん？　この柔らかさ。何か…。見た目は汚いが、もしかして柔らかくておいしいのかも。

心が動く。気持ち悪いけど、これらの虫食い葉物のいいところだけを集めて食べてみようか…。

好奇心とでもいうのか。穴だらけのそれらの中の、これなら食べてもいいという真ん中のわずかなわずかな部分だけを集めて、きれいにきれいに洗って、食べてみようか。

よし。そうしよう。

小さく、穴だらけ、汚い、気持ち悪いような葉っぱたちを何十個も引っこ抜き、時間をかけて丁寧に選別し、洗った。食べられる部分は10分の1ぐらいになったこの段階では、もう気持ち悪くなくなった。

ちぢみ菜はソテーに、小松菜は豚肉と炒《いた》めた。ほうれん草はものすごく少量だったので塩ゆでにしてそのままパクリ。

どれも普通においしかった。そして収穫して食べたという満足感がわいてきた。

それ以来、畑の虫食いの葉物野菜を前ほど嫌だと思わなくなった。丁寧に洗った真ん中の部分はきれいで、たぶんおいしいとわかるから。

虫食い野菜の見方が変わった。

春菊の薬味

春菊の種は、袋の中に小さいのが、それはそれはたくさん入っていた。

まく場所もなかったので、手が届かなくて唯一空いていた畝の中央部分に一列にザーッとまいた。

そうしたら大変。

中央に一列に緑色の小さな芽がひしめき合って出た。間引くのも難しいほどの密植。ぎゅうぎゅうになりすぎて重なった部分が黄色く変色しつつある。どうしよう。

とにかく間引こうと、畝の端っこから無理な姿勢で手を伸ばす。よく見ないと間引けないから顔を近づける。腰は痛くなるし、大変だった。

その数ミリの春菊の間引き菜がもったいなくて、どうして食べようかと考えた。しゃぶしゃぶの薬味にしたらどうだろう。スダチやわさびみたいに。味も個性的だし。で、小さな小さな春菊の芽を薬味にして食べた。とても時間と手間のかかった薬味なので、大事に味わった。もう密に種をまかない。それから通路から遠い畝の中央にはまかない、と心に誓いながら。

草を切る

今日はたっぷり時間があったので、雑草を小さく切って畝に置いた。細かく切るのが楽しくて、乾いた草をチョキチョキチョキチョキチョキ。野菜のまわりに敷き詰めると、まるで細い線画のよう。じっと見ていると目がくらくらした。

畝を立てます

草の生えたこの場所に

草をしいて、種をまきました

完成しました。寝ころんでバンザ

コマツナの芽が出ました。密にまきすぎた！　もりもり

刈りたての緑色の草を手前からのせていってます

こんなにかわいいのができました

冷蔵庫の中で芽が出たニンニク

庭に植えたら小ぶりながらも

4月末。絵の具のパレットのように いろんな野菜の芽が並んでます

密にまきすぎたので
必死に間びきしました
もったいなくて
小さいのもサラダに

それぞれの野菜ごとに
味が違います.
小さい芽でも その野菜の
味がします

土の表面を裸にしてはいけないので最初の頃は丁ねいにおおっていました

ラディッシュが割れていました。雨水をすって…

枯れ草が作る模様がきれいでじっと見ているとクラクラします

畝の左に、買ってきたトマト、ナス、ピーマン、さつまいもの苗をうえました

ウリハムシがつくので白い網でカバー。右奥にはカボチャやズッキーニを。

ウリハムシに食べられてボロボロ

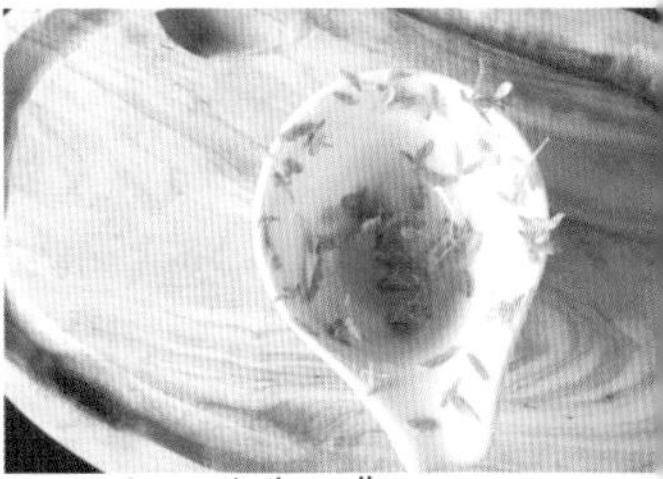

極小春菊を薬味にしました

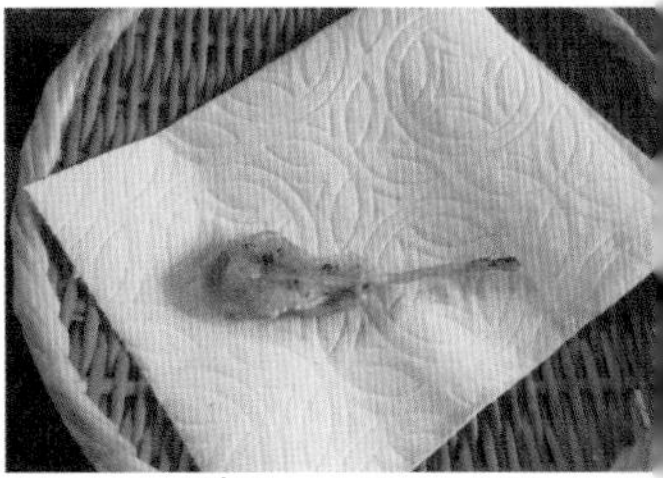

ズッキーニの花の天ぷら

6月上旬。晴れた日の畑。マリーゴールドなどお花も植えました。

くもった日の畑. 虫よけのカバーは もう外しました. もういいかと.

ニンジンの間びき菜とラディッシュ。ラディッシュは割れていたりボロボロ

ニンジンの葉っぱのサラダ。ラディッシュのマヨネーズあえ。

大根を間びきました。小さいのやいろいろ。辛かった。上はレタスと春菊。

鳥かけものに切られたナス

いろんなお花を植えたのでカラフル！

左は枝豆。右は綿。お花も2つ。

東側を上から見下ろす。この下のあたりがじめじめして苦手なゾーン

コマツナやレタスが見えます。コマツナは虫に食われるけどレタスにはこない。

里芋の葉が出てきました。ケイトウの花とコキアも植えました

つるなしインゲン. 本当に小さなインゲン豆がとれました. 5cmぐらい.

ごぼうの芽が出ています. いろいろ試しました.

ニンジンです。右下にはトウモロコシ。ネギも見えます。上のとこ。

左の方にオリーブの木。さすがにこれは、のちに移動しました。

ミックスサラダの種を1袋まきました。この手前の丸っぽいのがよく育ちました。

自然農の野菜を初めて食べた人々の感動について

自然農を始めたきっかけは、自然農で作られた野菜をそのまま生で食べてそのおいしさに驚いて、と言う人が多い。りんごのような茄子《なす》、甘いかぶ、などなど。

私も、間引き菜の味に驚いた。その次に驚いたのが、枝豆だった。

ある日、草刈りをしていた。土地の端っこに種を植えた枝豆が育って、25センチぐらいになっていた。でもそこは草ぼうぼうで、間違えて枝豆も一緒に刈ってしまった。

キャア、残念！

鞘《さや》が4つぐらいついていたのに…。

ガックリきたけどしょうがない。

次の日、またそこに行って刈った草を未練がましく見ていると、昨日刈った枝豆が萎《しお》れて倒れている。4つの鞘。触ってみた。まだ若いけど、ちゃんと厚みがある。もしかするとこれ、食べられるかも。

そう思った私は、4つの鞘を取って帰り、小さな鍋《なべ》に塩を入れて茹《ゆ》でた。

待つ間に洗濯物を干しに行く。そしたらすっかりそのことを忘れてしまって、しばらくして台所に戻ったらお湯がなくなっていてもうすぐ焦げそう。あわてて火を止めて、中身を取り出した。

茹ですぎたか。ひとつの鞘を開けて豆を見る。緑色できれい。ひと粒、食べてみた。

すると、びっくりするほど、ものすごくおいしかった。塩味がよく効いてる。

枝豆ってこんなにおいしかったっけ。今まで居酒屋なんかで何の気なしにパクパク食べていたけど。自分で育てたから特別においしく感じるのか。

これが私の自然農の野菜の感動、その2。

スーパーの試食がおいしい理由

私は常々、スーパーの試食はなぜおいしく感じるのだろうと不思議に思っていた。食べておいしいと思って買って、家でゆっくり食べると、なぜかスーパーで食べた時ほどの感動がない。疑《うたぐ》り深い私は、もしかすると試食と販売用の品物は違うのかもしれないなどと考えたりしたが、そういう感じでもない。

そして、考えた結論は、スーパーに買い物に行くときはお腹が空《す》いているからということに加え、最も大きいのは、少量をじっくり味わって食べるから。普段の食事は、お皿にたくさん盛られているものを、わりと無頓着《むとんちゃく》に食べている。そしてテレビやスマホを見たり、人と話したりしながら食べると、味わうことへの意識がおろそかになる。

その点、試食は違う。

試食の係の人の目の前で、小さなスプーンなどに載ったほんのわずかな量の食材を、試されるように味わう。まるで毒見でもするかのような真剣勝負。この味を好きか嫌いかを瞬時に判断しなければならない。そのため、意識は舌一点に集中し、味覚は最高度に高められる。この、味に向かう真剣さが繊細な味覚を呼び起こし、眠っていた感覚をよみがえらせる。そして、じっくり味わうと、ほとんどのものはおいしく感じられる。好き嫌いはあるにせよ、そのものの味を十分に感じることができる。今まで気づかなかったおいしさに気づいたりする。

少量を真剣に味わう。それが食べ物をおいしく感じる秘訣《ひけつ》だと思った。


そこでだ。

私がわずかな間引き菜や刈り取った枝豆に驚いたのは、それらの量が少なく、そして味わう時に恐る恐る、試すように、かなり真剣に意識を集中して味わったからではないだろうか。そこまで集中して味わうとごく微妙な味でも感じ取れるし、その食材が口までに来た過程を知っているので、愛着もある。

少量を大事に、集中して食べる。

これがおいしく味わういちばんの秘訣だと思う。

人参《にんじん》も大根も小さくて形が悪くておいしくなかった

さて、私は人参も大根も植えた。何度か間引いて、ヒョロヒョロした葉がそれぞれ20本ぐらい残った。ちょっと生長したので、間引いて食べてみることにした。

人参は、とても形が悪く、味見したらおいしくなかった。それで、人参グラッセにした。大根も十数本間引いた。細かったり割れていたり、こちらも見た目が悪い。味も辛かった。輪切りにしてサラダにするなど、工夫して食べた。葉っぱはふりかけにした。

今回はあまりおいしくなかったけど、冬の根菜は甘くなるというのでまた挑戦したい。

それでも、土の中から人参や大根を掘り出した時は、小さくても、とてもうれしかった。ニンニクの時も思ったけど土の中で育つ野菜というのはまた特別感慨深いものだ。

虫がつくから弱るのでなく、弱いから虫がつく

いろいろな野菜の生長を見るともなく見ていて、気づいたことがあった。虫がたくさんついているのとついてないのがあって、その違いは何だろう…。

今まで私は、ある野菜に虫がついたから、それが弱ったのだと思っていたけど、そうではなかった。ある野菜が弱るとそこに虫がつく。同じ種類の野菜が数本あったとして、例えばピーマンが3本並んでいたとして、その中の1本だけに虫がたくさんついている。そのピーマンは弱々しく生気がない。虫がついたから弱くなったのだと以前だったら思っていただろう。しかし実際は、その株が弱々しかったから虫がたくさんついたのだった。

元気でいきいきとしていて生命力がある野菜には虫は近寄れない。たとえ虫がついて葉っぱを食べたとしてもそれ以上に早く生長するのでダメージはほとんどない。

虫がつくから弱るのでなく、弱いから虫がつく。

それは弱っている心の人に悪が忍び寄るのに似ているなあと思った。

ズッキーニの花の天ぷらのこと

ズッキーニの花の天ぷらはイタリア料理でよく見るが、ちゃんと食べたことはない。おいしそうで憧《あこが》れた。

なのでズッキーニの花が咲いたら天ぷらを作ろうと思っていた。

雄花が咲いたのでレシピを調べ、モッツァレラチーズがなかったので代わりにクリームチーズを中に入れて、余っていたホットケーキの素を水でクルクル溶いてサッと揚げて、塩コショウをパパッと振りかけて食べたら、とてもおいしかった。

それからというもの、ズッキーニの花が咲くたびに天ぷらにした。小さなフライパンを傾けて、少量の油で、いつも1個だけ。

雌花はなかなか咲かなかった。ある時、雌花が咲いたので実が太るのを楽しみにしていたら、いつのまにかしぼんでいた。調べたら、ズッキーニは1本ではなかなか結実しないので2本以上一緒に植えた方がいい、と書いてあった。

ああ。残念。知らなかった。

それ以降なぜか、花が咲くたびに、「もったいないから天ぷらにしなければいけない！」という責任感が生まれ、ズッキーニを見るのが怖くなる。

チラリ。花の黄色が…見えた。ああ〜、また咲いてる…。天ぷら地獄。

というのは大げさだけど、うっすらそんな感じを抱きつつ、毎朝ズッキーニを見た。たまに咲くズッキーニの雌花は、きゅうりと同じで小さな実が花の下についているので実ごと摘んで天ぷらにした。来年はズッキーニを2本植えて結実させたいという目標ができた。

そういえば、カボチャの花も甘くて天ぷらにしたらおいしいと聞いたので、カボチャの花の天ぷらも作ってみた。カボチャの花はズッキーニの花の3倍ぐらい大きかった。天ぷらもボリュームがある。私にはさっぱりとしたズッキーニの花がちょうどいい。子どもたちが帰ってきたときに作って出したら、ふたりともおいしいねと言っていた。ズッキーニの簡単天ぷら。私の季節の味にしよう。

自分で作った野菜は、買った野菜やもらった野菜と違う

初心者でも作りやすいと言われている二十日大根ですら、私の畑のは小さいし形がいびつだった。土の中で割れているのを見つけて、初めて収穫した二十日大根。中は真っ白だった。きれいに洗って食べた。

見た目が悪くても、味が悪くても、工夫してできるだけ食べた。時々、とてもおいしくできたものもあって、その時はうれしかった。

自分が作った野菜は、どんなに不格好でもかわいい。この感覚は何かに似ている…と思った。そして思いついた。

自分の子どもはかわいい、と言う時と同じだ。子ども以外でも、自分の犬はかわいい、自分の猫はかわいい、とも同じ。

自分の親と他人の親は違うが、それと同じように、自分が作った野菜と買ってきた野菜は違う。それぐらい違う。人からもらった野菜も買ってきた野菜と同じぐらい違う。

今まで私は、有機野菜や無農薬野菜を意識的に食べてきた。有機野菜の宅配を取っていた時期もあった。また、野菜のおいしい自然派レストランにもちょいちょい行っていた。でも、有機栽培の野菜がおいしい！　と人が言う時でも、私にはあまりその違いは分からなかった。確かに、甘いね…とか、おいしいかも…と思うことはあったけど、その理由が有機栽培だからとは限らないと思っていた。鮮度や運送の条件や調理人にもよる。ここまでの過程を実際に見ているわけじゃないから本当にはわからない。なのでなんとなくあやふやなまま、有機野菜や無農薬野菜を「おいしいのかもしれない。おいしい気がする」と思いながら食べてきた。おいしさよりも安全だからという気持ちで買ってたし。

で、今。

私にとって野菜は、私の畑でできた野菜と、それ以外の野菜、と大きくふたつに分かれている。私は私の畑の野菜だけは信用できる。野菜を生育条件などに疑いを持たずに見ることができる。

そう。野菜の味は、ものすごくさまざまな要因によってできている。ワインなどと同じで、同じ場所で同じ種から育てたとしても同じ味は二つとない。その年の気温や気候、人の手のかけ方などで出来上がりは違う。

育ててみて、食べていきながらわかったけど、自分が作った野菜は他人が作った野菜とは違う。それは自分の子どもと他人の子どもぐらい違う。

つまり、まったく違うのだった。

襲撃に遭う。鳥か？　獣か？

私は、トマトとピーマンとナスの葉っぱの区別がつかなかった（今はわかる。トマトは葉がギザギザにくびれてる。ピーマンはスッとしたダイヤモンド形。ナスは卵形で葉脈が紫色）。

なのでまずは勉強や研究という気持ちで、とにかくさまざまな野菜を育てて、どの野菜はどんな種でどんな葉っぱでどんな育ち方をするのかを知りたいと思った。

さまざまな野菜の種を買ってきて、畝をパレットのように四角く区切ってその中に種を蒔《ま》いた。1種類の面積はあまり大きくない。30センチ四方ぐらいだろうか。

種を蒔いたけど、芽はなかなかすぐには大きくならないので、せっかちな私はホームセンターで苗を買ってきてちょこちょこ植えた。プチトマト、ナス、ピーマン、カボチャ、スイカ、トウモロコシ、唐辛子。それに花の苗。だんだんかわいい花壇のような畑になっていくのがうれしかった。

そんなある日の朝、畑に見回りに行ったら、昨日植えたばかりのナスの苗が根っこごとスポンと抜けて倒れていた。

むむ。

どういうこと?

不思議に思いながら埋め戻した。

次の朝、今度はそのナスが半分から切られていた。その後も別のナスの苗が折られたり、オリーブの木の枝も千切られたりした。

ハクビシンなどの動物の被害や、キジの被害について耳にすることがあるので、動物か鳥かもしれないと思った。

ある日。家の台所で皿を洗っていたら、窓の外に何かがいた。見ると何かの動物だった。ブルーベリーの木の下あたりを鼻でほじくっている。あわててカメラをつかんで見に行く。塀のところでウロウロしていたので写真を撮った。あとで拡大してみたらアナグマだということがわかった。

アナグマ…。顔はかわいい。けど、そんなことは言ってられない。また来るかも。

畑を襲ったのもこのアナグマだろうか。庭を歩いてみると、塀の下に大きな穴が開いていた。畑に行ってみると、赤く丸い唐辛子が3個、かじられて千切られていた。これもアナグマだろうか。

生まれて初めて野生のアナグマを見て、興奮した。

ジレンマ

野菜を育てて、わずかでも収穫できたら、それを大事に食べている。そして買い物に出たら、地元の産直でひと袋100円ぐらいのピーマン8個入りときゅうり6本入り、大きなキャベツひと玉などを買ってくる。ひとりで食べるには量が多いので何日も冷蔵庫の野菜室にある。新鮮なうちに食べきれずしなびたりすることもある。そしてしなびたのをおいしいと感じることなく無理してまとめて食べたりしている。

家の畑で採れた小さなピーマンとひと袋100円のピーマン。大事に食べるピーマンとしなびさせてしまうピーマン。どちらも同じピーマンだけど、そのふたつの野菜のあいだでだんだん葛藤《かっとう》を感じるようになってきた。作ってる野菜と買ってくる野菜をどういうふうに共存させるか。お店では安く大量に、簡単に買える。その野菜はあまり大事にしない。味わい方の真剣さも違う。なんとなくモヤモヤとした思いがしばらく続いた。

同じ時を生きている、同じ光と空気を吸った野菜

畑で育った少量の二十日大根を採ってきて晩ごはんを作っていて思った。

こんなふうにその日に畑で採れたものを見て晩ごはんのメニューを決めるのは、買ってくれば何でも作れるという先日までの暮らしと全然違う。

今までは、知っているすべてのメニューの中から、いま食べたいものを考えて、冷蔵庫の食材やスーパーにあるものでほとんど何でも作れた。

今は、畑で二十日大根が採れたからサラダを作ろう、ピーマンができたから素揚げにしよう、と考える。

そのメニューの決め方はまったく違う。

何でも食べられるというのは、実はあまり楽しいことではない。何か制限がある方が満足度は高かったりする。ゲームもスポーツもルールという制限の中で戦うからおもしろいのだ。ただ自由にボールをついたり投げたりするだけだったらすぐに飽きてしまう。サッカーも野球も、将棋もトランプも、なんでもルールという枠に支えられ、生かされている。

畑で採れる野菜は、これを植えたいと思った種を植えて、毎日その生長の様子を眺

め、あれこれ手をかけ、同じ空気を吸って、同じ太陽の光を浴びて、ここで共に生きてきた。それが熟し、食べごろになって収穫する。その野菜を食べるというのは、私にとって必然性がある。

人が作った野菜にはその人にとって必要な栄養分が含まれると聞いたことがある。それが真実かどうかはわからないけど、そうだったらおもしろいし、そうだと仮定するなら、もっとやる気がでる。

基本的に野菜は、自分の畑で採れたものだけで生活してみようか。そう思いついた瞬間、緊張が走った。そうすることは私の食生活やライフスタイルに大きな影響を及ぼすだろう。

白菜の採れない夏にすき焼きは食べられない。冬にきゅうりやトマトのサラダは食べられない。でも…それもいいかも。そういう暮らし。

考えるとちょっと怖い。その怖さは厳かな怖さで、結婚を決める怖さと似ている。この人と結婚したら、もう他の人とはつきあわずに一生夫婦として暮らすのだ。

小さなボウルひとつの宇宙

数日後の２０２１年７月９日のこと。

今日の収穫物を摘んで小さなステンレスのボウルに入れてきた。ズッキーニの花、2個。ピーマン、プチトマト、レタス、バジル、ブルーベリー数個。

家に入りかけ、ふと、そのボウルを見下ろした時、それらがとてもきれいでバランスがよく見えた。

小宇宙。

これでいいじゃないかと思った。デザートまである。

その日に採れたものをその日の食料にしよう。少量でも丁寧に調理して。玉子でオムレツを作り、ズッキーニの花は天ぷらに。ピーマンは素揚げ、トマトとレタスはサラダ、ブルーベリーは食後のデザートにした。

これからはできるだけ畑でできたものだけでやっていこうと思った。

そう決めたら、ワクワクしてきて、やる気が出てきた。このルールは、生活に密着し、生活そのものであり、長く楽しめ、生きがいとかライフワーク、私を支えるもの、になりそうだ。人生の楽しみとはこういうことかもしれないと思った。

生活の醍醐味《だいごみ》。

そうなるように。

一応、ひとりの時に限ろう。家族が帰ってきた時は普通に。それと外食は例外。外食はなんでも食べていい。それは旅やエンターテインメントのようなものだから。

先生の野菜を食べられる!

極力、自分の畑で採れたものだけを食べる日々が始まった。お肉やお魚や自分の畑で採れないものは買っていい。なので生でも食べられるトウモロコシを作っている生《い》駒《こま》高原の有機栽培の店に行った時はいろいろ買ってきた。

貴重に感じられるものを丁寧に調理して食べるとものすごくおいしく感じる。基本的に私は、簡単に茹《ゆ》でたり焼いたりしてサッとできるものを少量ずつ食べるのが好き。素材自体に価値を感じられるなら簡単な調理でもおいしい。

今日は何を食べようかな〜とメニューに迷うこともなく、とても楽ちん。選択しなくていいというのは本当に楽だ。

そんなある日。7月末。いつも動画を参考にさせていただいているあの自然農の先生が「夏野菜がたくさんできているので希望者に販売します」と言う。動画はいつも朝の6時ごろに配信されていて、私は朝いちばんにそれを見るのを習慣にしていた。

なのでベッドの中でそのお知らせを聞いて、一瞬、ポカン…とした。へえ〜、そうなんだ。ふーん。そして次の瞬間、ガバッと飛び起きてパソコンに走った。先生の野菜を、いつも動画でその生長を見ていたあれらの野菜を、実際に食べられる機会はない。これが最後かもしれない！　もう売り切れてるかもしれない！

すぐにメールで申し込んだ。

無事に間に合い、数日後、野菜セットが届いた。10種類入り。どれも生き生きとしていてきれいだ。食べたかった「泉州水なす《せんしゅう》」も入っている。私も挑戦して種をまいたけどひとつも芽が育たなかったナス。赤モーウィという沖縄の瓜《うり》は初めて。どれもものすごく大事に料理して食べた。先生の野菜。私には貴重な宝。

泉州水なすは生でそのまま食べてもおいしいそう。私はオリーブオイルと塩コショウをかけて食べた。こんなふわっとしたナスを私もいつか作りたい。私の畑のナスはアナグマ（たぶん）に折られたからまだ小さい。

道の駅での行動に変化

春の頃までは、道の駅に行ったら、まず野菜売り場で野菜を買って、苗売り場で苗を見た。それからしばらくして畑を作り始めたら、野菜売り場にはもう行かなくなって、苗売り場だけを見て、気になる苗を買った。

次に、買ってくる苗は最初はいいけど私の畑に植えるとすぐに虫がついて、やがて弱ってしまうことに気づいた私は、苗を買うのもやめてしまった。

西から東を見たところ。つきあたりが苦手ゾーン。手前、大根。

東から西を見る。奥の壁ぎわにレモンの木。

少しずつ集めると ひとりの食事には 充分な量がとれます。

苦手ゾーンに落花生を植えました

道路から畑へはこの斜面をかけ下り

道路から見るとこんな感じ。ヒメジョオンが咲きはじめました。

この写真、手前のお花とレモンの葉のあたりがかわいくて好き

ブロック壁にそって、インゲン豆の種をまきました。ヒマワリも見えます。

上から見たところ。いろいろなものがあちこちに。まだまだカオスです。

7月になりました。緑が濃くなってきました。虫の活動も活発に。

トウモロコシのひげ。風になびく髪の毛のよう。おねえさん！

トマトやナス。買ってきた苗を植えました。

7月9日の収穫。これを見た瞬間、やれる！と感じました

それを使って作った夕食。これとズッキーニの花の天ぷら、ブルーベリー

大雨! 年に1度くらい、大雨の時に水があがってきます

7月下旬. 左右から草がわさわさ迫ってきてる.

ズッキーニ、実はできなかったけど花は咲いてます。

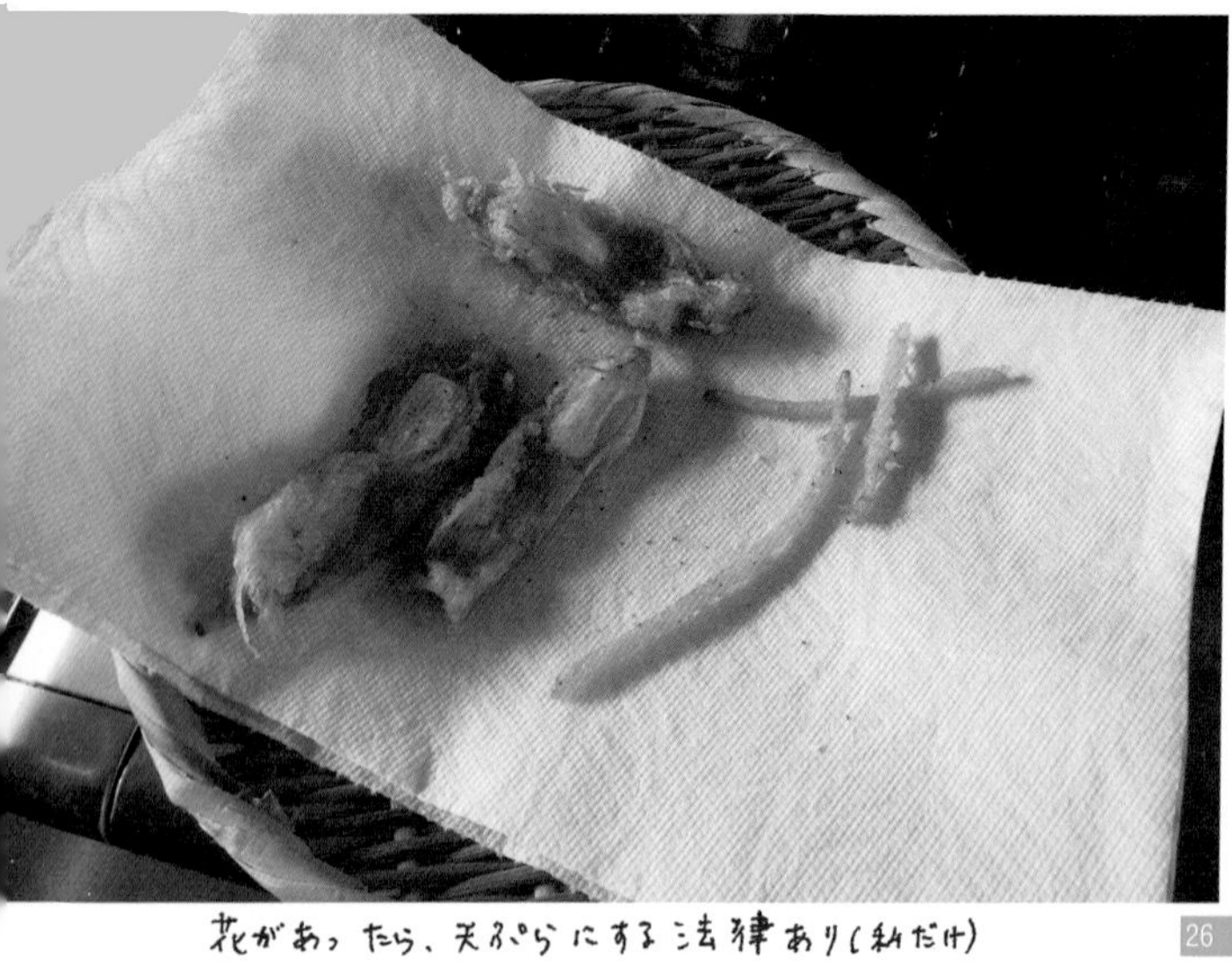

花があったら、天ぷらにする法律あり(私だけ)

枝豆をゆでていることを忘れて カラカラに。

食べてみたら、あまりの おいしさにびっくり!

あわてて外へ出た。カメラをとって。

なんとアナグマ！ はじめて見たワ

台所の窓から、何かが見えた！ ねこじゃない！

息子が帰ってきたので 家の畑の野菜を使って夕食を作った

落花生と インゲン豆が 育ってきました。ナスも。

里芋も 右手に小さいのが出ました。 レモンは 力ない感じ

スイカの実も

カボチャの実だ

その下に庭の綿の木を移植

一度切られた綿の木再生

8月. 右のさつまいも、左のかぼちゃ、いきいきとのびてます.

ある日の収穫。
とにかく、
食べられそうなものを
ボウルに入れました

それらを ものすごく
丁ねいに洗って、
種類ごとに
小分けします

ゆでたり、
焼いたり、
生のまま、
どれもこれも
よく味わって
食べます。

土手、草の勢いがすごい。手前のとうがらし、おいしいです

春に種をまいたキャベツは虫食いだらけ。小さいまま、大きくなりません。

今は道の駅に行っても、野菜売り場を素通りしてる。前はあんなに熱心に見ていたのにとその変化に自分でも驚く。関心がなくなってる。もう買う必要がないし。それでもたまにどうしても欲しくて量も大丈夫そうなのだけ買う。苗売り場にも興味がなくなった。

その代わりによく行くのは、ホームセンターの種売り場。

いつも買おうかどうしようか数日迷う。植える場所があまりないので種が余ってもったいないと思うけど、今は実験中だからと、どうしてもほんの数粒でも、植えて、その芽を見てみたい、育ち方を見てみたい、という強い欲求が抑えられず…、結局買ってしまう。

さっきも書いたが、買ってきた苗の土は栄養が豊富なせいか、私の畑に植えるとすぐに弱ってしまうものが多い。たまにうまく根付くものもあるけど、けっこう虫がついてしまう。ナス科の野菜にウリハムシがたくさんついた時はびっくりして、あたふた対策を講じたけど効果がなく、もう仕方ないと放っといたら、虫に食べられまくったあと復活して夏にはスクスク伸び始めた。放っといてもいいんだなと思った。

自分で種をまいたナスやプチトマトは最初の2カ月ぐらいはまったく生長せず、本当に2センチぐらいのまま長らく固まっていた。もうなくなってしまったかと思っていたら、どうにか生きていて、8月になってぐんぐん伸び始めた。伸び始めたらけっこう長く生きていて、買った苗よりも丈夫な気がした。なのでもう苗は買ってこずに、種から育てようと思った。その方が自分の野菜という気がする。

苗売り場で立派に育っている大きな苗を見て、以前はすごくうらやましく、いいなあと思っていたけど、もううらやましくなくなった。人んちの子どもだもの。どんなに小さくても、私は自分の子どもが好き。

私の畑の野菜は（今んとこまだ）小さい

そう。私の畑の野菜は生長が遅い。そして小さい。まだ土ができていないから養分が少なく、それで小さいのかもしれない。でも私は大きくて硬い野菜より小さくて柔らかい野菜の方が好きなのでちょうどいいかもしれない。

レタスも小さいけど、3～5センチぐらいの葉っぱが20枚もあれば十分だ。少量を大事に調理して食べると、作るのも食べるのも疲れなくていい。ひとりならではの気楽さだ。

種をまく時季が遅かったせいか、モロヘイヤもヒユナもとても小さい。葉っぱの大きさで言えば3～5センチ。とても柔らかくてふんわりしている。それをチョキチョキと摘んで、茹でて刻んで納豆と和《あ》えたりして食べる。それだけで満足するのは「命が凝縮しているからね～」と心でひとりごと。

どうしても近づきたくない一角

4メートル×13メートルほどの土地の真ん中に1・2メートル×10メートルの畝を立てているが、だんだん使える場所がなくなってきた。どこか植えられるところはないか…。

その敷地内に私がどうしても近づきたくない一角があった。それは西のコンクリート壁、東のブロック壁に面したところで、硬い草がうっそうと生い茂っている。地面に何があるかわからず、薄暗くじめじめしているような印象。気持ち悪いのでそっちには行かないようにしていた。

でも、里芋を植える場所がなかったので、西側のその場所に2個、植えた。そこだけ草を刈って、サッと植えて、逃げるように遠ざかった。里芋ならうっそうとしたところが好きかもと思ったから。そしてもっと壁際には紫陽花《あじさい》を植えた。

それから次に、落花生を植える場所にも困った。本当にもう植える場所がない。しょうがないので東側のいちばん気持ち悪いあの場所の草を刈って、そこに植えよう。

草を刈ると、黒い大きな虫がたくさんゾロゾロ動いていた。ひゃあ～。

調べたらそれは、「畑の葬儀屋」とか「森の掃除屋」などと呼ばれているシデムシという虫の幼虫だった。シデムシは動物の死体を食べたり、死体を土中に埋めたりする習性をもつらしい。シデムシは死出虫と書く。あまりそのあたりは見ないようにしようと思う。怖い。

落花生を4ヵ所に植えたら、2ヵ所から発芽した。発芽しない2ヵ所のうちのひとつを、かぶせた草をよけてこわごわ見たら、シデムシがぞろぞろいた。キャアと思ってまた草をかけた。種から緑色の芽が出かかっていた。

そのあともたまに見たけど、2ヵ所からはけっきょく芽はでなかった。どうやら枯れてしまったよう。

それから、インゲン豆を植える場所もなかったので、庭でつる性の花を絡ませていた鉄のトレリスを持ってきてその同じ壁に立てかけた。

シデムシがたくさん生息していただけに土が肥えていたみたいで、落花生とインゲン豆はぐんぐん生長した。インゲン豆は夏から秋にかけて私の毎日の食料になった。命は回りまわって私にやってきていた。

毛のない虫は刺さない

ミミズと青虫が大の苦手だ。

ミミズは最初に畝を立てた時に大きなのを大量に見た。うっかりミミズを切るのが嫌だったので宿根草の根を取らなかった。それで後悔したけど、仕方がなかった。

その後、ミミズは安全な場所に移動したのか、あまり表面に現れなくなった。でも青虫は葉っぱにたくさんついている。最初は慣れなくて、あまり見ないようにした。小さいのから大きいのまでいた。色も青から灰色までいろいろ。

しばらくして慣れてきたら、青虫は葉っぱを食べるだけで私に危害を加えないということがわかってきた。刺したりしない。うっかり手が触れると、自分でくるっと丸くなって地面に落ちる。木にいる毛のある毛虫はイラガみたいにたまに痛いのがいるけど、野菜につく毛のない青虫は刺さないんだなとわかってからはあまり怖くなくなった。

今は、見つけると、そのままにしておくか、葉っぱごと摘み取って外の草地に持っていく。草のところに持って行ってもいつのまにかまた葉っぱに青虫が群がっている。そうしたらあきらめることもある。

青虫も、もっと慣れたらもっと苦手じゃなくなるかもしれないと思う。

スイカ爆発

5月にスイカとかぼちゃの苗を買ってきて植えた。虫に食べられたりして小さかったのに、夏になってぐんぐん伸びてきた。

そして小さな丸い実が生《な》った。かぼちゃ2個。スイカ2個。楽しみにして、スイカには底が黄色くならないように発泡スチロール容器の座布団まで作った。

今年の夏はずっと雨が降らない期間があって、そのあとに雨がたくさん降った。ある日、畑に行ったらスイカが割れていた。三菱《みつびし》の形に威勢よく爆発していた。悲しい…。もうひとつのスイカも後日、割れていた。スイカはよくそうなるらしい。カラカラの天気のあとに雨がたくさん降ると。

かぼちゃは2個とも地面に接した部分が柔らかくなって腐ってしまったので残りの半分を切り取って食べた。少し若いかぼちゃだった。

「スイカは難しいよ」といつも温泉で会う方が言っていた。また来年、挑戦したい。

9月の種まき

春の種まきは失敗した。

宿根草の根をきちんと取っていなかったので野菜の芽の間からたくさんの宿根草の芽がえんぴつの先のように出てきて、取っても取っても出てきて、しかもどんどん丈夫な葉っぱになっていった。なので9月からの種まきでは、まく前にちゃんと根を取ろうと思って過ごしていた。

9月に種をまく野菜も多い。葉物、根菜類。とにかくいろいろと知りたい私はできるだけ少量でも多品種まきたい。

たくさん種を買って、今度は宿根草もできるだけ取った。大根、人参《にんじん》、玉ねぎ、レタス、かぶ、ビーツ、小松菜などなど。

まず、夏の野菜を整理する。終わった苗は地際から切ってその場にまいたり、畑のすみの残渣《ざんさ》置き場へ。

またもや野菜を作る場所がなくなってきたので、まだ残っていた花を全部、畝から掘り上げて道の脇に植え替えた。

20種類ほどの種をまいた。

芽が出たのと出ないのがあった。ビーツ類はあまり出てない。

春にまいた大根、人参はあまり育たず、すごく形が悪かった。ほうれん草、小松菜、ちぢみ菜は虫に食べられて穴だらけだった。春菊は密に植えすぎた。

秋には期待している。根菜類は冬の寒さで甘くなるというし、葉物は虫の被害が少ないという。

またパレットに色をのせるように、さまざまな小さな芽が育ち始めてる。

さつま芋の形！

5月の連休明けにさつま芋の苗を20本植えつけた。種類は「紅《べに》はるか」。10本ぐら

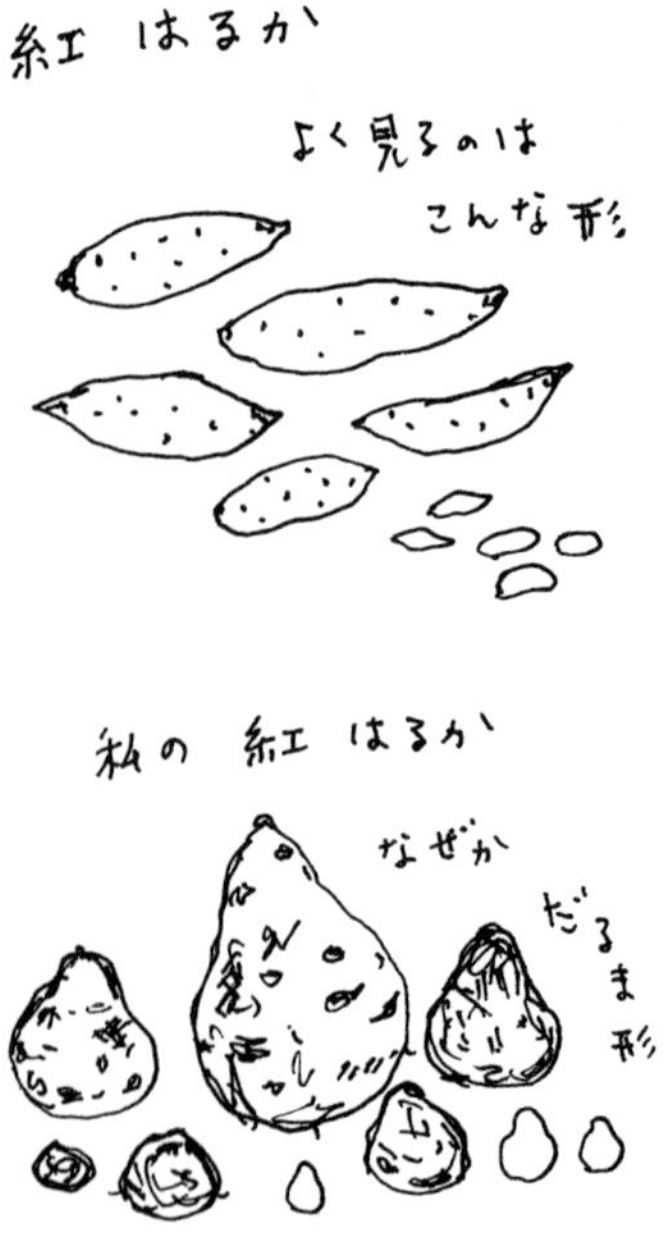
紅 はるか
よく見るのは
こんな形
私の 紅 はるか
なぜか
だるま形

い植えようかなと思っていたので20本は多いと思ったけど、その時はお店にそれしか売っていなかった。

9月下旬に試し掘りしたらけっこう大きくなっていたので全部掘ることにした。たくさんできていた。でも皮に黒い傷などがあって見た目は悪かった。つるんときれいなのは一本もないぐらい。

ガレージに並べてみると、なんか形が…。

どれもだるまや洋ナシのように丸くぽってりしている。紅はるかってこういう形なのかな？　と不思議に思って調べたら、普通の、ごく典型的な細長いさつま芋の形をしている。

うーむ。

土が硬かったので先の方にスーッと伸びることができず、丸くなってしまったのだろうか。洋ナシ形の紅はるか。しばらく乾燥させてから、食べるのが楽しみ。

飽きない野菜

畑の野菜だけでできるだけ生活することにするとメニューに困るのかなと思ったけど、けっこう大丈夫だった。というかまったく困らない。

インゲン豆が数本、毎日採れるし、オクラも時々採れる。ピーマンのはずだったけどししとうみたいに変化したピーマンもある。

飽きるのかなと思ったけど、飽きもしない。同じものばかり、と感じないのが不思議。茹《ゆ》でインゲンは毎回、おいしいと感じる。かえって買い物に行くのが面倒で、少ししか採れなくても、少しだと思わない。こんなにある、と思う。

これをおいしく食べるためにどう調理しようか、何を作ろうかと考えるのも楽しいし、めんどうくさい時はただ茹でて、その素材の味を嚙《か》みしめる。


インゲン豆やオクラは、今までスーパーで買っていた時は、特においしいと思わなかった。好きでもなかった。

オクラは同じ大きさのものが緑色の網の袋に入っていて、五角形の角がいつも黒くなっていた。インゲン豆も同じ細さのまっすぐなのが袋に詰まっていて、すこししなびてた。それがスーパーの野菜で、それが普通だった。

道の駅などの野菜は新鮮で大小あって数が多くて食べ切れない。それが普通だった。私の畑の野菜は、今日、私が食べるべき野菜で、ちょうどいい量ある。そういうふうに思える。

見えない石は大きく感じる

土の中に埋まっている石にスコップの刃がカチリと当たる。とても大きな石に当たった！　と感じる。すごい大きな石があると覚悟して、掘り上げてみるとそうでもない。あれれ。

木の根っこもそう。これは大物だ！　と思っても、掘り出すと思ったほどではない。もっと大きいかと思った。これの2倍、3倍も。

なんでも、その全体像が見えないものは大きく感じる。恐怖心もそういうものかなあと思う（ついでに言うと憧《あこが》れとか幸せも）。

「必要」が自然に私たちを導く

畑に下りる草の斜面。

道路からちょっと下がった位置に畑があるので、毎回、草の斜面を転がるように下りていた。

雨の日はこわごわ。

やがて靴のあとが階段状についたけど、大きさも高さもバラバラで歩きにくかった。だんだん角が削れて滑るし、草も伸びてくるし。

で、ついに、階段を作ることにした。ちょうど帰って来ている子どもに手伝ってもらって。

簡単にできて、私にも作れそうなのは？　と調べてみた。さまざまな画像を見て、ピッタリなのを発見。

杭《くい》を2本打って、その間に板を差しこみ、土を寄せる、という階段だ。草が生えてもいい。取り外すのも簡単にできる。

ホームセンターで杭と板を買う。板を3つに切る。ホームセンターのおじちゃんのアドバイスをきいて家にあった防腐剤を塗る。乾かす。スコップで斜面を掘り、杭を打ちながら板を差しこむ。土を寄せる。試行錯誤しながら作ったけど、なかなかいいのが完成した。

こんな階段、最初から作ろうとは思わなかったし、作れと言われたらとても大変だろうと思う。なのに、自然と、不便だから作ろうかなあ…と思って調べて、作り方を想像して、流れるように作った。楽しかった。

ものごとは、必要性があって自然に生まれる。自然に生まれるものは何も無理しない。無理しなくていいし、大変でもない。ただうれしいだけ。

必要があって自然に流れるものは、どんなことでも、大変じゃない。
そう思った。

大根のお楽しみ

春に植えた大根と人参《にんじん》は形の悪い小さなものしかできなかった。大根は「時なし大根」という種類だった。それは辛みの強いものだと後で知った。

秋に植える大根は辛くないのにしようと思っていろいろ見ている時に、形よく大根を育てる秘訣《ひけつ》というのを見た。地面に丸い杭を数十センチ埋め込んでそれを抜いてまた土を入れてからその上に種をまく、というやり方だった。杭を埋めた部分の土が柔らかくなっているので割れたり曲がったりしないで育ちそう。これはおもしろいと思って、小屋をさがしたら庭木の支えに使っていた丸い木の杭があったので、それを使って7本分、やってみた。土に杭を打ち込むのは結構大変だった。大きな木づちみたいなので打ったけどあまり深くは刺さらなかった。でもどうなるか楽しみ。

里芋とショウガとヤツガシラ

里芋を植える時、種イモをどこで売っているのかがわからなくて、道の駅で普通に売っていた「アカメ親芋」と書かれた里芋を買ってきて土に埋めた。あとでよく考えたらそれは食べる用だった。上と下がスパッと切られていた。

芽は出ないかなと思っていたら、しばらくして出てきた。すごくうれしかった。ふたつ植えて、ひとつは大きく育ち、ひとつは小さい。

ショウガもお店で普通に売っているのを買ってきて3つ植えた。なかなか芽が出なかった。ずいぶんたってからようやく芽が出た。ひとつは30センチぐらいにしか育たなかった。もうひとつはたった1本の茎だけが秋になって伸びてきた。最後のひとつは芽が出なかった。

ヤツガシラも植えたいと思ったけど、どこに種イモが売っているのかわからず、メルカリで買った。1個。それを庭の花壇に植えたらずいぶんたってから芽が出たけど、いつまでたっても大きくならない。20センチぐらいの大きさのままピタリと生長が止まった。ここでは野菜は育たないと思い、畑に移植した。その時の芋はとても小さかった。ニンニクぐらいの大きさしかなかった。その後、葉っぱが枯れてしまったように見えたので、あきらめて、そこを枯れ葉置き場にした。そしたら、しばらくして小さなヤツガシラの葉っぱが枯れ葉の下から伸びてきた。

生きていたんだ！

とても小さい。どうしたらいいのだろう。

移植したはずの花壇からもヤツガシラの葉がひとつ出てきた。カケラが残っていたのだ。むむ。しばらく様子を見るか。

目に見えないぐらいの小さな生き物

畑の野菜を採ってくると、そこには泥や小さな虫がついている。だからサラダにするときは特に何度も何度も洗う。水に浸《つ》けておくと、よく小さなカタツムリがはい出してへりを歩いている。2ミリぐらいのカタツムリ。

目に見えないぐらいの小さな虫から数センチの虫まで、たくさんの生き物が畑にいる。そして、虫もあまりにも小さいと踏んでもつぶれないことに気づいた。つぶしたり傷つけたりというように直接危害を加えられるのは、同じぐらいの大きさのものの同士だけなのだ。

例えば、2ミリぐらいのあまりにも小さいアリは、足で踏んでも土のすきまに入ってつぶれない。もっと小さな生き物はもっとつぶれない。細菌はもちろんつぶれない。目に見えるものといっても、人間の目に入るちょうどいい大きさのものしか私たちには見えない。小さすぎる細菌も大きすぎる宇宙も目には入らない。

スケールが違いすぎるものは、直接影響を与えることはできないのだ。

スケールが違いすぎるものとは共存できる。人間が身体にいる細菌と共存しているように。

それぞれの大きさの違いによって、それぞれの世界がある。私たちは人間の大きさの層に生きている。たまに小さいものを見たり、大きいものを見たりすること、見えないぐらいの大きさのものに思いをはせることは、謙虚な気持ちに立ち返らせてくれる。

夏野菜と秋冬野菜の境目

インゲン豆がよくできて、10月の初めまではよかった。オクラと小さなピーマンもちょこちょこと採れた。つる菜も採れた。

10月10日ぐらいから夏の野菜がほぼなくなり、秋冬の野菜はまだ小さくて、食べられるものがなくなった。

しょうがないので大きくならなかったヒユナの葉を採ってきて竹輪とソテーして食

べた。虫に葉を全部食べられた空心菜《くうしんさい》はまた新しい葉がのびてきたからあれも食べられそう。

秋冬の根菜の種をたくさんまいたけど、芽が出ないのもあった。ほうれん草や甘いかぶなど。水菜はもう少しだ。からし菜はもういいかも。人参はなぜか5、6センチのまま生長が止まっている。大根は少しずつ大きくなっている。

畑の野菜だけで生活したいけど、どうしてもない時はたまに外でも買う。その時はよく吟味して、自分では作れないものや特別おいしそうなものを買う。


里芋を掘り起こしてもいいかもしれない。全部いっぺんに掘ると貯蔵が大変だから、食べる分だけ1個ずつ掘っていこうか。

夏野菜と秋冬野菜の境目の今がいちばん何もない時かもしれない（いちばんの端境期は春だとのちに知る）。


今日、かぶや大根に土寄せしながら思った。

どうしてもいろんな野菜をたくさん育てたいと思い、芽が出なかったり、出ても消えてしまったりする野菜の種を何度もまき直したけど、今年全部育てなくてもいいじゃないか。

今年育つ野菜だけを育てよう。育たないものは来年また挑戦すればいい。ひとつでも芽が出て育ったら、それを大事にしよう。

今年育つ野菜は、今年に縁があったもの。

完璧《かんぺき》をめざさず、無理をせず、できたものが今年の私に必要だったもの。

畑と二人三脚でゆっくり進んでいこう。畑に重荷を負わせずに、私も気負わず、柔軟に。そう思ったら、芽が出なくても、来年の楽しみが増えた、ぐらいに思えてきた。

明日《あした》は畑を全体的にゆっくり眺めて、ただただ観察してみよう。

綿の木

初夏、綿の苗を買って庭に植えた。そこは湿り気の多い場所だったのか、10センチぐらいから全然生長しない。

もうひとつ買ってきて畑に植えた。こっちはぐんぐん大きくなっていった。ある日、獣にやられたのか、根っこからすっぽり抜けて、放り投げられていた。初めての花が咲いた直後だった。根が乾いていたけど、一応埋め戻しておいた。上の方は枯れたけど、根元から新しい芽が出てきた。

大きくならない庭の綿を隣に移植した。ふたつの綿の木はどちらも同じぐらいの大きさで30センチにも満たないぐらいだった。それらに10月、花が咲き始めた。オクラのような黄色くて柔らかい花びらだった。次の日にはピンク色になりしぼんでいく。酔芙蓉《すいふよう》のようだと思った。

綿ができればいいけど。もうすぐ寒くなる。寒くなると生長が止まる。まにあうだろうか。

端境期の楽しみ

今は畑で採れるものが少ないと書いた。

葉がなくなった空心菜から出てきた新しい葉も全部採って食べてしまった。

次に考えたのが、春に間引き菜をちょこちょこすき間に植えたので畑のあちこちにあるルッコラ。その柔らかそうな葉はサラダにしているが、毛の生えたような硬い葉も食べられるかもしれない。調べたらルッコラを炒《いた》めてもいいらしい。

さっそく、今まで敬遠していた硬い葉や茶色くなっているのや虫食いの葉を集めた。どうせ炒めるのだから平気。

オリーブオイルで玉子と一緒に炒めたらおいしかった。ルッコラはゴマの味がして野性味たっぷりだから栄養も豊富かもしれない…などと思いながら。

そして、また畑をじっと眺める日々。

今日は何を食べられるか。

これはロールプレイングゲームでエネルギーが少ない中で工夫して獲物をため込むおもしろさに似ている。以前、ゲームをよくやっていた時、私は木の実や果物をコツコツ集めるのが好きだった。

畑を見まわす。

うん？　これはもう食べられるかも。からし菜と小松菜の間引き菜。まだ小さいと思っていたけど、小さくても密であれば間引かなくてはいけない。間引いた小さい野菜もたくさん集めるとけっこうな量になる。

間引き菜、割れた二十日大根、モロヘイヤの小さな葉っぱ、つる菜の小さい葉っぱ、よく探すと食べられそうなものはある。

探しにくいものほど見つけ出して食べた時の喜びは大きい。スーパーに行けば何でも手に入るけど、それではゲームにならない。

ゲームはルールを守るからこそ楽しい。私は今、とても楽しくてやりがいのある、人生をかけて長く楽しめそうなロールプレイングゲームをしている。この喜びは人に説明ができないくらい深い。

ほうれん草でついに青虫克服か!

青虫が大の苦手。

いつも、青虫がいるとあきらめて放っといた。春の小松菜、ちぢみ菜は特に多かったし、夏のオクラの大きな葉には後半になって葉をクルリと巻く虫がついて、すべての葉っぱがボロボロになったけど、そのままにしておいた。

秋冬野菜の種をまいて、早く大きくならないかと見守っていたある日、ふと、アスパラガスの隣の地面にきれいなほうれん草がひとつ、イキイキと生えているのを発見した。こんなところに種をまいてないけど。今年まいたのはまだ2センチほどの大きさだし、もしかして春にまいた種が育ったのかな?

不思議に思いながらも、うれしい。まるで天からの贈り物のよう。

たったひとつ生えたきれいなほうれん草を大事に育てよう。その周りには何も野菜を植えていないので、ひとり堂々と葉を広げている。

とてもきれいなほうれん草だったのに、高さが15センチぐらいになった頃、虫食いの穴が目立ってきた。ついに虫がついたのだ。残念。いつか虫も巣立っていくだろうと思い、しばらくそのままにしておいた。

でも、日ごとに虫食いの穴はどんどん増えていき、あんなにきれいだったのにすべての葉が虫に食われて穴だらけになった。

あ〜あ。

ふと気が向いて、どんな虫がいるのか見てみた。葉の裏を見ると、緑色の青虫が大小、たくさんいた。2、3ミリのものから1・5センチぐらいのまで。ヒマだったので、よし、虫を捕ろう、と一大決心し、プラスチックのケースとピンセットを持ってきた。ピンセットでそっと虫を挟み、一匹一匹、ケースに入れていく。

大、中、小、極小、全部で20匹以上、捕れた。それを離れた草むらに持って行って、ケースごと置いた。

数時間後、ケースを見たらすべての虫がどこかに消えていた。

よかった。

次の日もその次の日も、虫を探しては捕って草むらに移動させた。いつも2、3匹発見した。触るとコロンと体を丸めて地面に落ちるので、そっと捕らないと逃がしてしまう。

その頃になると、青虫がそれほど苦手じゃなくなっていた。一度、手袋をしていない時があって、思い切って素手でつかんでみた。

…大丈夫だった。それからはそっと素手でつかめるぐらい慣れてきた。

虫がいなくなったので、ボロボロになった葉っぱのひどい部分を思い切ってカットして、わりときれいな部分だけにした。まわりの雑草も抜いて、下に枯草を敷く。大事に大事に。これからはどんな虫も寄せつけないわ。毎日見回るから、きれいな葉っぱを早く伸ばしてね。


そう思って今日もほうれん草の手入れをしていた。今はまだボロボロだけど、奥の方にこれから伸びる小さな葉が何枚か出てきている。よしよし。

青虫がいないことを丁寧に確認して、まわりの地面も何かないかチェックする。大丈夫。

水もあげた。

私は野菜の葉のそのものの味を知りたいので、ときどき畑で少し千切って食べてみる。このほうれん草も食べてみよう。虫もいなくなって、これから元気に育つという気力充実した今だ。

葉っぱの先を千切って、口に入れた。もぐもぐ。よく味わおう。

…って、ほうれん草じゃない！

酸っぱい。これは、スイバだ！

思わず、ほうれん草だと思い込んでいたスイバをじっと見つめる。きれいに整えられて、まわりもきちんと整地されたスイバ。

ううっ。

すぐに地ぎわからバッサリと切ってアスパラガスの敷き草にした。

でも実は私はスイバの小さな新芽は大好き。酸っぱくておいしいので、たまに摘んでサラダに入れて食べている。そういえば夏頃、ピーマンだと思ってピーマンの隣で2本大事に育てていたらピーマンによく似た草だった、ということがあった。葉っぱが似ていたのでてっきり。でも花が咲いた時に違いが分かった。ピーマンの方は花が比較的大きく、草の方は似ているけど小さくて下向きに咲いていた。そして花のあとには小さな丸い実が生《な》った。それを見て、速攻刈り取った。

今はスイバを切ったあとに何の種をまこうか考え中。おかげで青虫を克服できた。ありがとう。

落花生を掘り起こす

シデムシコーナーに植えた落花生の葉が茶色くなってきたので、掘り起こすことにした。ふたつあるうちのひとつ。大きい方を。この落花生は、種がどこに売っているのかわからず、メルカリで購入したもの（10個で380円のジャンボ落花生）。先月、ちょっと掘って、数個茹《ゆ》でて食べたらものすごくおいしくて感激した。できてるかな…と思いながら根元から少しずつ掘る。できてるできてる。大きいのが。茎を引っ張ると自然と土の中から出てきた。最後の根っこだけちょっと手がかかった。ひっくり返して出来栄えをとっくり眺める。

ここの土はかなり硬かった。こんなに硬いところに植えていたのかとちょっと驚いたほど。玄関前まで移動して逆さまに置いて乾燥させる。

夜、落花生を少し採って茹でて食べた。先月とても感動したので今日はそれほどでもなかった。やはり最初の1回がなんでもすごい。初めての経験というのは1度しかないので大事にしなければ。初めてのことを死ぬ瞬間まで体験し続けたい。

50個ほど食べて、残りは冷蔵庫へ。玄関前の落花生は乾燥させて煎《い》り落花生にしよう。

まき時

ほうれん草の種を2カ所に日をずらしてまいたけど、うまく育たなかった。発芽はしたけど伸びていかない。消えたり、小さく縮んだままだったり。

種が古くなるかもしれないからと、袋の残りの種を、ゴボウの種をまいたけどひとつも芽が出なかった場所に、全部ばらまいた。すると、ものすごい発芽率で、ほとんど全部芽が出て、しかも密になっている。先日までは気温が高すぎたのかもしれない。今は少し肌寒い。まき時ってあるんだなあ。もう少し伸びたら間引かなくては。

ずっと雨が降っていなくて、1カ月ぶりかってぐらいに昨日雨が降った。そのせいか、他の野菜の芽もたくさん出ている。

カラカラだった土がいい感じに湿っている今のうちに種をまこう！　と思い、チンゲン菜の種を手に取る。でも、もう空いてる場所がない…。ここはダメ、あそこもダメ。何かの種をまいてある。

しょうがない。私は畝の南側、20センチぐらいの斜面の途中を横に削った。ここにまこう。もし芽が出たらラッキー、と思いながら種を下ろす。

密にならないように…。密にまいたら間引きが大変…。

ふと、すぐ目の前、ターツァイの双葉がでているあたりに何かを感じて見ると、小さな小さなアリが3ミリほどの青虫の死骸《しがい》を運んでいた。

お互い、今日は働き時だね。

お互い、がんばろう。

アリの暮らしと私の暮らし。それぞれ違うスケールで、似たようなことをやってるんだろうな。

根粒菌の実物を見て感動する

子どもの頃、理科の時間に根粒菌というのを習った。窒素固定細菌。アゾトバクター、クロストリジウム、まだ覚えてる。

マメ科の植物の根っこについている瘤《こぶ》の中に住む根粒菌は大気中の窒素を植物に提供する働きをしているという。

今、根っこごと引っこ抜いた落花生をさかさまにして玄関前で乾燥しているが、出入りの時にふとそのてっぺん、根を見たら、根粒菌の住む瘤がたくさん見えた。ネックレスのよう。

おお。これか。と、ちょっと感動した。今までもどこかで目にしていたとは思うけど、こんなふうに根粒菌ということを意識してじっくり見るのは初めてだった。

なかなか大きくならない

10月の末になった。

1カ月以上も前にまいたビーツ。芽が出て双葉までは出たけどそれ以来、ピタリと生長が止まり、ずっと1センチぐらいのままだ。春、ピーマンとトマトが同じような状態になって、3カ月ぐらいたってから急に生長し始めたが、それと同じだろうか。

人参《にんじん》も数センチのまま。一番大きいので20センチぐらい。なんとなく縮んでいってる気がする。

ピリッと辛みのある香味野菜のこしょう草はいちばん生長したものですらわずか5センチぐらいしか伸びず、そこで時季が来たのか花を咲かせていた。その隣の、より小さなものの数ミリの葉っぱを千切って食べてみたら、ピリッと辛くておいしかった。

それでも少しずつは育っていってるみたいなので見守りたい。

菜っ葉類はそれでもわりと大きくなってきている。

育苗《いくびょう》は苦手

春。小さな芽がなかなか育たなかったので、数センチぐらいになるまで育苗トレイで育てればいいと知り、秋まき野菜の種は育苗トレイで育てようと、2種類のトレイを買ってやってみた。けれどどちらも失敗した。芽が出なかったり、出ても枯れてしまったり。十が悪かったのかもしれない。丁寧さが足りなかった気がする。

育苗は難しい。

三池《みいけ》たか菜《な》をあわててまく

ホームセンターの種売り場に何度か行って、そこの人気10種という棚の1位は「三池たか菜」だった。

たか菜？　たか菜って、漬物の？　漬物はつけないなあと思い、気になったけどそれは買わなかった。ベストテンの中のそれ以外は買ったと思う。

10月下旬のある日。いつものように朝一番に見る「島の自然農園」の動画に、採りたての三池たか菜と厚揚げだったかの炒《いた》め物が出ていた。おいしそう。漬物だけじゃないんだ。炒め物もできるんだ。しかもピリッとしておいしいらしい。

これは大変。私はすぐにベッドから飛び出して種を買いに走った。とにかく今年はさまざまな野菜を育てて、何がどんな葉っぱなのか、それはどんなふうに育つのかを見て知る年にしているから、気になったものはとにかく育てたい。

三池たか菜の種はどこにあるか、もう知っている。そこに直進していたら、手前の台の玉ねぎの苗が目に入った。普通の値段で並んでいる苗の台の隅に、「お願いです！　買ってください！」と手書きで書かれた紙があり、「玉ねぎ苗50円」と書いてある。ちょっと葉の先が黄色くなりかけて、少しヨレヨレになっている。玉ねぎはホーム玉ねぎ（2、3センチ大の玉ねぎの赤ちゃん。種や苗から栽培するより簡単に早くできるらしい）を10個植えたし、種から育てた苗もヒョロヒョロで20本ほどだが育ってる。でも、その「お願い！」の言葉がとても気になってしまい、私の心にグッときて、思わず手で持ち上げて、じっと見て、一束買ってしまった。もう植える場所などないのに。

畑に行って、三池たか菜はモロヘイヤの跡地のわずかな場所にまいた。玉ねぎ苗は…、しかたがない。境目のすれすれのところに植えよう。畑のきわきわに埋め込んでいく。50本ぐらいあった。

でも生長が楽しみ。玉ねぎがたくさんできたらいいなあ。

後日、やはり安売りの弱った苗を買うのではなかったと思った。へたってきている。隣にあったふつうの値段の３８０円の苗を買うべきだった。見切り品の花の苗を買って再生させるのは楽しいのでつい同じように思ってしまったけど、野菜の苗は元気な方がいい。

ほうれん草の間引き

9月に畝にまいたほうれん草はまったく大きくならないけど、畝ではなく草の生えた地面に直《じか》にまいた種はたくさん芽が出た。ゴボウの芽が出なかった場所だ。その芽がだんだん大きくなって本葉が出始めたので間引きをした。ここでかなり大胆に間引かないと大きくならないのは春の失敗でわかってる。

双葉の時と本葉が出てからの2段階に分けてちょっとずつ間引いた。種をまきすぎると間引きが大変だし、芽が出ない時はもっと種をまいといたらよかったと思うし、どっちになっても後悔はする。でもだんだん慣れていけば迷いは少なくなるだろうと思うので、初心者の今は、思い切りやりたいようにやって、後悔も思い切りしようと思う。

私は自分が、ギュウという目にあって、もういい、もう十分だ、わかったわかった、まいったまいった、降参、というところまでいかないと納得しない性格だということを知っているから、とことん自分流でやってみたい。

落花生を炒《い》る

生の落花生を茹《ゆ》でて食べたのはおいしかった。残りは冷凍にして数回に分けて自然解凍して食べた。それもおいしかった。

あとは乾燥させた落花生だ。茎から殻を切り取ったら、案外少ない。大きなお茶碗《ちゃわん》一杯分ぐらい。その殻をむいて中身を取り出したら、もっと少なくなった。小さなお茶碗ぐらい。その乾燥落花生をフライパンで炒ってみた。

小さくてしわしわなのはたぶんおいしくないだろう。大きくて実がしっかりしているのは30粒ぐらいしかない。それでも30分ぐらいかけて炒った。まだ柔らかいので明日《あした》の朝、冷めてから食べよう。

次の朝、炒った落花生を食べてみた。すごくおいしい。小さくてしわしわなのはおいしくなかったし、腐ってるみたいなのもあった。でも白くて大きいのはとてもおいしかった。

炒り落花生もいいけどやはり茹で落花生の方が好きだなあ。落花生の苗はあとひとつ畑にある。下葉が枯れてきたら掘り上げよう。今度はぜんぶ茹で落花生にしよう。

種から育ったトマトは 8月になってからぐんぐん大きくなりました.

とりたて新鮮.

スイカは大雨でハレツ.

オクラもよくできはじめた

8月19日。生命力が満ちあふれています。夏は、これからだんだん秋へ。

これがおいしかったピキーニョ。辛くない。

とうがらし、きれいです

つる菜のおひたし、よく食べた

毎日ちょっとずついろいろ

ホームセンターで買った布バッグ重宝してます。

それを ちんまり調理するのも楽しい

きれいに洗って小分けするのが楽しい

かぼちゃ。2つ。

ちょっと！落花生、見て！

かぼちゃ、ちょっと早かったけど…。枝豆おいしい。インゲン豆も。

とりあえず食べましょう

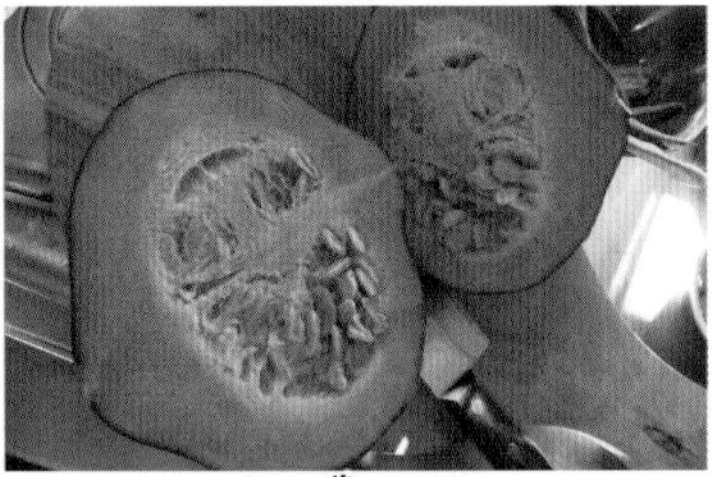

すこし若いです。

これはごぼうです。

焼いてみました

ゴーヤの花を鼻にのせて

オクラとミニトマト

バジルの葉がしげってます、こんなには食べられない…

青空を背に インゲン豆がすくすくのびてます

ヒユナ をまきました. が, 小さくしか 育ちませんでした

オクラがこんなに大きくなるとは知らなかった。木みたい。

ズッキーニの め花ができました。

洗って並べました。レタス・オクラ・いんげん豆・トマト

ソテーしました。それぞれの味をしっかり味わいます。

ホーム玉ねぎを植えて枯れ葉などでカバー

ルッコラや 枝豆、 なす、おくら、いんげん豆

ハクサイの芽が出ました。キャベツの種もまきました。

洗って…

ゴボウができました。ふたまたの。

ゴボウとまいたけのすき焼き作りました。

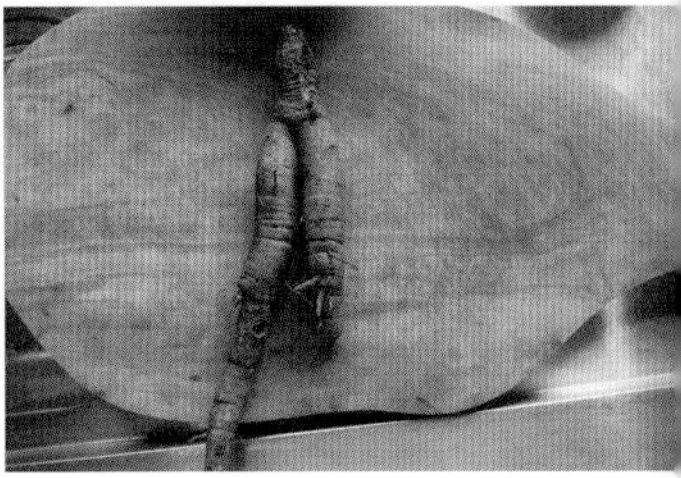

まな板へ。

枝豆です。細々としていますが、とてもおいしいです。

コマツナ、ちぢみ菜、かつお菜の芽が出ました，9月15日

いんげん豆がのびています．白いゴーヤの黄色い花も．

9月16日。オクラは棒のように。モロヘイヤが小さく育ってます

ナスの花と実。トンボも。

オクラの花。葉っぱは虫がついてみんな丸くまるまった。

右の野菜で作った昼食

白いゴーヤもなりました

とった野菜はボウルに水をはって、しばらくつけておきます。

上の野菜で作ったサラダ

ゴボウ2本目。こちらもふたまた。

里芋ってこんななんだ！　ちょっと怖い…

春に里芋を植えた時、私は里芋の種イモがどこに売っているのかわからず、人に聞くという知恵も回らず、道の駅に出ていた大きな里芋（「アカメ親芋」と書いてあった）を買って植えた。親芋という言葉に、それが親の芋でそこから子芋ができるという印象を持ったのかもしれない。それは食べるための親芋だったということがのちにわかった。上と下が切られていて、白い中身が見えていた。

それでも、ずいぶん時間がたってからだが、芽が出てきて葉が茂った。いつになったら掘ろうかなと楽しみにしていた秋のある日、「里芋は子芋を植えるんだよ」と人に聞いた。

ショック！

あまりにもガッカリして、あの葉っぱの下には里芋はひとつもできていないんだ、だったら目に入るのが悔しいから、掘り起こして他の野菜を植えようと思った。

まさに引き抜きに行こうと家から出ようとしたその一瞬、ふと、私と同じように親芋を植えてしまった人がいるのではないかと思い、ネットで検索してみた。

すると、親芋を種イモにすることもあるという事実を発見。普通は子芋を植えるけど、親芋を植える人もいるらしい。なんだ、そうか。気が抜けた。

里芋を見に行くと、大きく元気に葉を伸ばしている。大きなのひとつ、小ぶりなのひとつ。よしよし。

それからその隣に、ものすごく小さな、背丈が20センチぐらいのヤツガシラがある。20本ぐらいの細い茎に小さな葉。それは、ヤツガシラを植えたくて、でも種イモがどこにあるかがわからずメルカリで1個1980円で買ったものだった。それを家の庭の花壇に植えたのだが、15センチぐらいから生長がピタリと止まり、夏になっても大きくならないので、この場所が合わないのだ、畑に移植しようと考え、秋になって畑に移植した。大きさはニンニクぐらいだった、というあれ。そこからの生長なのでやはり大きくなれなかった。

まず、里芋の大きな方を掘り起こす。スコップを差し込んで手前に倒したら、わりと簡単に掘り起こせた。

どうだろう。里芋は？　ついてるか。

ついていた。けっこう大きい。小さい方も掘り起こす。結果。全部で、大きな親芋4つに、子芋が11個。いい感じだ。

収穫した里芋の土を落として並べていたら、里芋は全体から四方八方に白くて長い根っこが出ているのがわかった。こんなだとは知らなかった。なんだか気持ち悪い。

妖怪《ようかい》とか宇宙の生き物のよう。ちょっと怖い……と思いながら、1本の根を指で持ちあげてじっくり観察した。

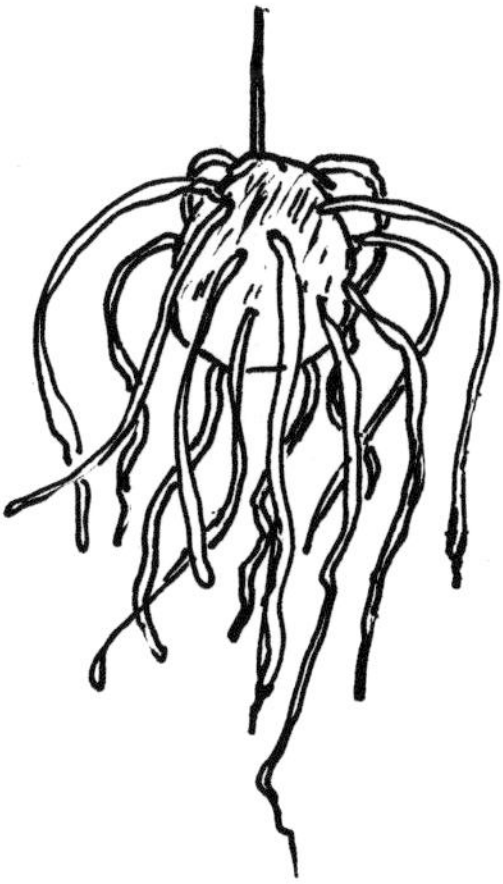

里芋

次に、ヤツガシラをどうするか。掘るか、このままにしておくか。迷う。でも気温が下がると芋類は腐ると聞いたことがある。このまま置いておいて霜が降りる頃に腐ってしまうとしたら、今、小さくても掘り起こした方がいいかもしれない。で、掘り起こした。3センチほどのヤツガシラが5個ぐらいついていた。これは……、あまりにも小さい。掘らなくてもよかったかもなあ。

気を取り直して、次に、落花生の2本目を掘ることにする。1本目を掘ってから2

週間たった。生長が遅かった2本目もそろそろ葉の根元が黄色くなりかけてきてる。落花生は簡単に掘れた。大きなのがたくさんついていた。


里芋とヤツガシラと落花生。うれしい収穫の一日。

だんだん食べるものが増えてきている。いつの間にか葉物野菜も大きくなってきているし、さつま芋はまだたくさんある。うーん。私の目標のひとつは、ちょうどいい分量だけ作る、だ。作りすぎないで。これから食べるのに忙しくなるかもしれない。それでも、落ち着いて丁寧に食べていきたい。

夜、里芋をセイロで蒸してお塩をつけて食べたらおいしかった。ヤツガシラはちょっと硬かった。まだ食べるには早かったのかもしれない。

里芋の大きな親芋をひとつ保存しておいて、来年の春に植えてみよう。

スプーンで間引き菜の移植

密に生えた芽は間引かなくてはいけない。その作業はなかなか大変だ。それは春に重々、身に沁《し》みた。

密にさせないためには、種をまくときにできるだけ種と種がくっつかないように気をつけなければいけない。なのに、いざ種をまく段になると面倒くさくて適当にやってしまう。すると芽が出てきてびっくり、ということになる。同じ場所から3つも芽が出ていると、もう、どうしよう…と思う。他のふたつを地際から切らなければ。放っとくと3つとも大きく育たない可能性がある。時間がある時は、できるだけ丁寧に掘り起こして移植することもある。

今日がその日だった。

ヒマな日。

スプーンで掘るとやりやすいことに気づいてから、小さな芽の移植はスプーンでやっている。地面に顔を近づけて、コツコツコツコツ。1~3センチの小さな水菜を掘り起こし、空いた場所に移植する。大きく育った時のことを考えて、まわりに余裕のある場所に。

でももうそんなに空いた場所などない。どうにかここならぎりぎりいけるかという場所を探して一か八か、押し込む。

等間隔に並んだ小さな水菜たち。この中のどれがちゃんと育つか。

私がスプーン片手に黙々と畑にへばりついていた時、隣の道路で交通整理をしていたお兄ちゃんが「なにしてるんですか～?」と大きな声で聞いてきたので説明した。しばらくいろいろ話をして楽しかった。

秋の暖かい日

三池たか菜の小さな双葉が出たので、またチマチマと移植していた。だって密に出てるから。種の大きさが1ミリぐらいととても小さいのでついパラパラとたくさんまいてしまう。

三池たか菜は30～40センチになるそうなので、本当なら移植の間隔をそれぐらいはあけたいところだが、植えた場所自体が30センチ四方しかない。ということはたったの1個しか残せない。でも双葉は100個ぐらい出ている。とりあえず3、4センチ間隔に植え替える。これが育ったらまた間引きして最終的に大きなのがひとつ残ればいい。

ここに入らないものをどこか植える場所はないかと、狭い畑中をウロウロ探してすきまに植えこんでいたけど、もうストップしよう。きりがない。

あまりあちこちに植えたら大変。春にそれをやって不便だったのだ。ルッコラとか春菊とかネギをあちこちに植えたせいでどこに何があるのかわからない状態になって…。

でも今、あちこちのルッコラの葉をちょいちょいつまんでサラダにしているから悪いわけではない。けど、邪魔になることはある。いや、ないか。あちこちにさまざまなものがあってもいいかもしれない。収穫が少し不便だけど狭い畑だからそれほどではない。でも、それが大きく育つものだとやはり困るかもしれない。

…などといろいろ考えながらこまごまとした作業をする秋の暖かい日は楽しい。

背中に太陽の陽をポカポカと浴びながら、一生懸命、移植作業。このひとつひとつの作業が小さな双葉を生き延びさせることになるんだものね。むふふ。それを最終的には私が食べるんだけど。食べるために生かす。…って言い方もなんだか。

いったいどっちがいいのだろう。いったん育ち始めたものをどこで止めるのがいいのか。双葉の時にハサミで切って間引く。少し大きくしてから間引き菜を食べる。双葉を抜いて移植する。人が食べる方が役に立ってるか…。でも育ったのは光と水と栄養素を集めたからだよね。エネルギー保存の法則で、結局はどこで止めても同じなのかもしれない。それぞれの段階でまた循環の輪に戻るだけで。

…などとまたまたいろいろ考えながらこまごまとした作業をする秋の暖かい日は楽しい。

子供たちに野菜を送る

こんな日が来るとは…。子供に野菜を送る日が。

何かのついでに娘に「野菜いる？」と聞いたら、「いる」と返事が来たので送ることにした。さて、送れるような野菜は何があるか。

このところ寒くなって葉物野菜が大きくなってきた。まず大根。赤い大根と緑の大根。かぶと、レタスや小松菜など。あとは前に掘ったさつま芋と里芋。唐辛子も赤くなって乾燥している。


日曜日。

よし、と気合を入れてカゴを持って畑へ行く。

最初に、いちばん大きくなっている大根を引き抜く。まわりの土を掘って、下へと掘り進む。植える時に木の杭《くい》を打って穴をあけたのできれいにまっすぐに育っているかが、まずは気になるところ。

折れないように慎重に掘って、最後はグッと引きぬく。

おお！　まっすぐに育ってる。すごい。春の時は細くてヨレヨレとねじれていたり二股《ふたまた》に分かれていたりしたが、きれいだ。直径5センチほどでそんなに太くはないけど。

次にもう一本。これはまだ細い。抜いたら、下の方が数センチ柔らかくなって腐っていた。むむ。途中までは硬いから大丈夫かな。

緑色のサラダ大根、赤い大根。小かぶ、水菜、レタス、二十日大根はどれもとても小さいけど、サラダ用にまとめよう。

きれいに洗って、傷んだ葉っぱを取り除く。それぞれを紙に包んで名前をマジックで走り書き。さつま芋はどれもデコボコで無傷なものはほとんどないが、できるだけきれいなものを選ぶ。そして里芋。娘はよく料理を作るので唐辛子と新ショウガ、バジルもまだ茂っていたので入れる。

それらを段ボールに詰めて、宅配便で送った。チマチマとしているが、まあ、いいか。私が大事に育てて、大事に食べているものばかりだけど、ふたりにとってはただの小さな野菜だろうなあ。味もおいしいかどうか。

それにしても、集めて洗って整えて詰めるのにすごく時間がかかった。3時間以上も。大変だった。もうやりたくないほど。

人にあげるとか、売るって大変なことだなあと思った。

11月下旬、もうすることはほとんどない

11月下旬になった。

そら豆の種もえんどう豆の種もまいた。そら豆は10粒まいて7粒しか芽が出なかった。えんどう豆は種がたくさん入っていたのでたくさんまいておいた。こちらは芽が

よく出ている。

人参《にんじん》はほとんど大きくならなかったけど、大根はだんだん大きくなってきてうれしい。

小松菜やちぢみ菜、かつお菜は小さいなりによく育っていて、私ひとりがサッと焼いたり煮たりするには十分だ。レタスと水菜は、毎日のように柿と一緒にサラダにしている。このサラダはまったく飽きない。

春と違って虫がいないので秋冬はこんなに楽なのかと思う。

さつま芋はまだたくさんある。食べきれるだろうか。ゆっくり食べようと思うけど、いつまで保存できるのだろうか。

今日、初霜が降りた。これから野菜は甘みが増すのだそう。

霜で枯れないのかな。

白菜やレタスを霜が白くふちどって、バラの花のようにきれい。地面に敷いた草にも霜が降りて、絵のよう。

霜が降りると野菜たちは自分たちが凍らないように凍らないようにと糖を作るので甘くなるのだそう。その説明を聞いた時に初めて、なるほどと納得した。寒くなると甘みが増す、と聞いていただけの時は漠然とそういうものなのか…と思っていたけど、メカニズムを知るとリアルに実感できるというか。私はいつも理由を知ると納得する。逆に言えば、理由がわからないとなかなか納得できない。

じゃがいも掘り

ついに。じゃがいもを掘る。

私は4月から畑を始めたので春じゃがいもは作れなかった。なのでみんなが春じゃがいもを掘るのを羨《うらや》ましく見ていた。秋じゃがは絶対に作ろうと待ちに待っていた。

秋になって、じゃがいもを植える時が来た。ホームセンターで種イモを買った。「出島《でじま》」という品種。西の端の壁際、チガヤの宿根がたくさんあってもぐらの穴もあるとても条件の悪い場所に植えた。そこしか空いてなかったから。ここで大丈夫かなあと少々不安を覚えながら。

10個か12個、植えたと思う。

芽が出てくるのを今か今かと待った。

ようやく出てきたけど8個しか出なかった。

話は変わって、ここの近くに生駒高原という高原があり、その麓《ふもと》に有機野菜を作ってらっしゃるご夫婦がいる。そこの野菜はとてもおいしいと評判で、山登りの帰りには必ず立ち寄る。夏にそこで買ったじゃがいもを食べたら、すごくおいしかった。黄色みがかっていて、甘みがある。あまりにもおいしかったので何という品種だろうと思い、調べたけどわからなかった。なので、2個だけ残して植えてみることにした。

その2個からも芽が出た。植えるの遅かったので大きく育つかどうか。

その後、また山に登ったので帰りにそのお店に寄った。奥さんに「あのじゃがいも、すごくおいしかったです。なんという品種ですか?」と聞いたら、「ながさき黄金《こがね》」というのだと教えてくれた。「インカのめざめ」を改良してできたものらしい。

家に帰って調べたら、新しい品種のようだった。私も春にまたぜひ植えたい。

出島の8個はなかなか大きくならなかった。そのうちのひとつは葉先が黄色くなって枯れてしまったよう。もうひとつはしなびてきてる。もぐらの通ったあとも見える。あまり大きくならなかったけど、掘り上げてみよう。

夏頃から、野菜は自分の畑の野菜だけで賄うと決めて、外ではほとんど買ってない。たまに、どうしても何もない時や特別に食べたいものがあった時や自分の畑で作っていないものは買うことがあった。

じゃがいもは自分で作ってるからできるまで待ちたいと思い、ずいぶん長いこと食べてない。先日、おいしそうな新じゃがが出回っていたけど、グッと我慢した。

まずひとつ、掘ってみた。

黄色く枯れたものには1センチぐらいのじゃがいもしかついていなかった。

それから全部掘り上げた。直径7センチぐらいの大きなの2個と4センチぐらいの小さなのが13個だった。それでも、丸いじゃがいもが土から出てきたときはとてもうれしかった。

ながさき黄金の方は葉が20センチぐらいしか伸びてないけど、霜が降りて葉っぱが萎《しお》れてきたので掘りだすことにした。

大きなのが2個と小さなのが3個できていた。


そして味だが、大きなのはどちらの種類も中が半透明になっていて煮ても焼いてもザクザクとした食感でおいしくなかった。病気だろうか。何かが起こったのだろうけどわからない。そのうちわかるだろう。

出島の小さなのは蒸してポテトサラダにして食べたら、とてもおいしかった。ながさき黄金の小さなのは、私が最初に食べたあの有機野菜のお店のじゃがいもほどはおいしく感じなかった。やはり栽培条件が違うだろうしね。それは仕方ない。でも色が黄色くて親芋に似ていた。あのおいしいじゃがいもを埋めたら子供のじゃがいもができたということ、それを体験できたことがうれしかった。

さつま芋の保存に失敗？

さつま芋を紙に包んで段ボールに入れて玄関わきに置いておいた。寒くなったら薪《まき》ストーブで焼き芋を作ろうと考えていて、なかなか食べる機会がなかった。

その段ボールを最近ふと開けてみたところ、かび臭いような匂いがした。しまった！　腐ったか。

リビングにシートを広げてそこに全部並べて調べてみた。小さいのがところどころしわしわになっていていくつかは腐っていた。まだ乾燥が足りなかったのかもしれない。ショック。

そのまま広げておいて、しばらく様子をみることにする。

里芋はひとつの親芋を種イモ用に残して、他はぜんぶ食べた。ホクホクしておいしかった。

家庭菜園のありがたさ

12月6日。

今日までに霜が4、5回降りた。最初に霜が降りた時、すぐに葉っぱが萎れたのがじゃがいもとスイートバジルと綿の木だった。これらは霜に弱いのだとわかった。

次はどれがダメになるのだろうと思いながら、夕食用の野菜を摘む。レタスと水菜、小松菜、ちぢみ菜、どれもまだ大丈夫。あ、水菜の先がちょっと白くなってる。これはもうすぐ食べられなくなるかも。

不織布をかぶせたらいいよとみんなが言う。そうしようか。でも、なんとなくこのままにするとどうなるかを知りたい気がする。どれぐらいの霜の回数でどれがどうなるか。

春はどの野菜にも虫がいたので洗う時も戦々恐々としていたけど、今はもうほとんどいないので気が楽だ。土だけ洗い落とせばいいから。春は、水を張ったボウルに野菜を浸《つ》けておくと極小カタツムリがよく縁を這《は》っていたっけ。

葉の根元を1枚ずつハサミで切ってカゴにふうわりとひともり、野菜を摘んだ。

本当に少ない量。小さな水菜数本、極小レタス数枚、小さな小松菜数枚、ちぢみ菜数枚。小さい小さいラディッシュ4個、といった感じ。小さいというのは、葉っぱの大きさにして数センチから10センチほど。

今日は豆乳鍋《なべ》。

こういうふうに少量だけサッと摘めるところが家庭菜園のありがたさだ。外で買うとなると一袋に入っている量がひとり暮らしには多すぎる。数種類の野菜を買うと、食べ切るのに苦労することになる。あの苦労から解放されたってだけでもかなり価値を感じる。

ただ、自作の野菜だけで生活したいという気持ちがゲーム感覚でおもしろくなりすぎて最近はなかなか野菜を買えない。人参《にんじん》は自分で作ってるから、あれが大きくなるまで外では買いたくないと思い、2カ月ぐらいは食べてない。でも私の人参は10センチぐらいでピタリと生長が止まったので、食べるほどの大きさには育たないかもなあ。

玉ねぎも買おうかどうしようか迷った。できるのは来年だから。でも玉ねぎはカレーなんかに必要だし、長く保《も》つし…と思い、先日、スーパーで3個入りを買ってしまった。外で買うとわずかに敗北感を覚えるけどしょうがない。

じゃがいもは買わずに我慢したので、今は出島の小さいのがまだ家にあるからうれしい。大事に食べよう。

さつま芋はたくさん作りすぎたので来年は植える苗を今年の半分の10本にしよう。5本でもいいかも。いつかできたらいろんな種類を食べ比べしてみたい。

子どもに手伝ってもらい…

階段作り。板に防腐剤をぬって

今までは斜面をころがるように下りてました

できました！ とても便利

オクラはすっかり棒になって、まわりは秋の草。

9月25日 今日はさつまいも掘り。たくさん掘れました

ガレージに入れて、しばらく干しておきます

綿の木 2本. その下には、おいしかったじゃがいもを植えてみました.

終わりかけの夏野菜の足元に冬野菜の種をまきます

落花生がよくしげり、手前にはオクラを刈りとった茎が。

食べられる野菜が少なくなりました。左下にモロヘイヤの黄色い花

コマツナやちぢみ菜がすこしずつ大きくなってます

10月7日. エノコロ草がわさわさ

葉っぱが太陽の光をあびて、ピカリと光る。緑色のコインのよう。

黄色の風車。くるくる回る。毎日。毎日。カタカタと。

 手前に見えるネムの木は、家の庭のを移植しました。大きくなるかな。

秋じゃがの種いもを買って植えてみました。でも場所があまりよくなかった。

さつまいも。乾燥したかな。大きいのから小さいのまできっちり並べた

ほうれん草だと思いこんで大切に育てていたスイバ。虫食いだらけだけど

落花生、収穫！ たくさんに見える。ちぎると意外と少ない

根粒菌の丸いつぶつぶ。

朝もや。朝つゆがついたアスパラガスの葉がきれい。

里芋収獲。根っこがこんなふうに出てるとは。

里芋と落花生2本目。 11月3日

小さかったけど しょうがを 掘ってみました。かわいいのがふたつ

子どもふたりに 野菜を送りました。荷造りが大変でした。

11月16日 葉もの野菜がだんだん育ってきました。

毎朝、畑を見に行くのが習慣です。じーっと見たり、ぼーっとながめたり

スギナで草マルチ。緑色がきれい。

11月27日、初霜がおりました。お花のよう。

じゃがいも収穫。あんまりとれませんでした。

綿の木も、霜で枯れてしまい、この実が綿になるかどうか…

白菜が丸まるようにビニールで巻いてみましたが、のちにとりました

そら豆とえんどう豆

そら豆とえんどう豆の芽は順調に伸びている。そら豆の種は、10個のうち3個は腐ってしまったので7つだけ。えんどう豆は3種類。スナップエンドウ、絹さや、えんどう豆。それぞれ場所を離して植えた。去年、庭のフェンスに絹さやとえんどう豆の種を植えたら、どれがどれだかわからなくなって、全部絹さやとして食べたので。

他にはレタスの芽が出ているけど、とても小さい。2センチぐらい。あとほうれん草は5センチぐらいのままで葉先が黄色くなり始めてる。もしかすると霜で枯れるかもしれない。早めに摘んで食べてしまおうか。

綿の木は種が数個、アーモンド形に膨らんだまま、葉っぱが萎れた。白い綿はもう無理だろうか。

丁寧に心を込める

「島の自然農園」の動画を毎朝見て、それから起きるのが日課。見るとがぜんやる気になるので、私の畑の野菜も見に行かなきゃ！　と急いで飛び起きる。

でも、最近は寒くて霜が降りていることもあるので、今行っても作業できないしなあ…と思い、飛び出すことはなくなった。


先生の住む島に移り住んで、2月から自然農を始めたという若い女性がいる。彼女は野菜作り未経験だったけど突然ひらめいて行動に移したよう。その方の動画もときどき興味深く拝見しているのだが、彼女は本当に丁寧で、何に対しても心を込めている。最初の頃、耕作放棄地のその場所には葛《くず》やセイタカアワダチソウがびっしりと生えていて荒れ放題だった。葛のつるはぐねぐねした木の枝のようにあたりを這いまわっていた。それを奮闘しながら丹念に整理し、草のあいだに種をやさしく、心を込めて蒔《ま》いていった。

するとどれもこれも、困難にあっても、結果的にすくすくと育って、楽園のような菜園が生まれた。それは彼女の素直さ、明るさ、熱心さ、丁寧さ、粘り強さのたまものだと感じる。野菜の色もきれいでイキイキしていて味もおいしそうだ。

やっぱりなあ。

ものごとってなんでも自分の接し方に反応して、返ってくるのだ。こちらから出したものに反応する。出したものの応《こた》えが返ってくる。手紙の返事が届くように。

やさしく、丁寧に、思いを込めると、あんなふうになるんだなあと思った。竹で支柱を立てる大変な作業も、苦労しながら笑いながら一生懸命にやってたしなあ。

彼女は、この先の人生で何か困難に遭遇した時、この耕作放棄地を畑にした同じやり方でその困難にぶつかっていけば大丈夫だ。「あの時と同じ方法」でやれば自分らしくちゃんと乗り越えられるだろう。私たちもそうであるように。


私の畑も、野菜の大きさは小さいけど、私にはとても満足な空間になっている。食べられる物がそこで育つなんて魔法のようだ。

見た目も長方形で魔法のじゅうたんのように見える。

私はいろんな野菜の育ち方と味を知りたいと思う。何をどうすればどうなるか、を知ることが楽しい。少ない量でも満足感を得られることがわかったし、野菜を育てていると忙しくて何かを思い悩む暇もあまりない。

自然の奥は深くて限りなく、好奇心は尽きない。私がいるのはまだ入り口だから、探検する楽しみはもっともっとあるのだと思える。

興味深く、追求したいことがある。それこそが人生の幸せだとこのごろ私は思っている。

白菜にピンクのリボンを巻く

白菜が丸く結球しない。葉ボタンのように広がっている。白菜を結球させるのは結構難しいよと言われた。紐《ひも》でまわりを縛ったらいいよとも聞いた。私の白菜は直径20〜25センチぐらいで、縛るほどにも育ってない。でも暇だったので縛ってみることにした。紐だと難しそうなので幅の広いピンクのビニールテープをリボンのように広げて巻きつけてみよう。

3つだけ巻けた。結球してもしなくても、いつか鍋の時に食べよう。

畑のまわりを行き交う人々、景色としての畑

私の畑は道路に面しているのでときどき人が脇を通り過ぎる。よく見かけるおばちゃんや草管理のおじちゃん、保育園のお散歩など。

よく通るおばちゃんはいつもひと声かけてくれる。野菜の生長をおもしろく見ている様子。草管理のおじちゃんもこのあいだ立ち話をした時に「野菜を育ててるね」と言ってた。ゴミ捨ての時に会ったお菓子屋のおじちゃんも知っていた。けっこうみんな見ているようだ。

そういえば私も外の風景の一部として、通りがかりの畑や人んちの庭の花を楽しみに眺めることがある。

こうやって人の住む町の一角に背景として存在することのおもしろさ。パズルのひとつのように、私の畑もこの春に生まれて背景に組み込まれた。人の目を、無意識にでも楽しませるものになっていたら、それは思いがけない副産物だ。

夏、畑に植えた花が邪魔になったので道路わきの草むらに移植したら、道路わきがかわいく見えた。その花はもう枯れてしまったけど、来年は家で挿し木して増やしたチェリーセージを植えようと計画している。チェリーセージだったら多年草だし、かわいいしいいよね…。そのうちもっと花を増やして、今まで草ぼうぼうだった道路わきの斜面を少しでも花畑のようにしたいなと夢が広がる。

いまいましいのはルッコラ

いまいましいというのは言いすぎだが、今、私の畑でいちばん力強いのはルッコラかもしれない。どんどんたくましくなっている。

春に種をまいて、たくさん小さな芽がでたので畑の空いてる場所にちょこちょこ移植した。同じように植えて、あまり食べないのに増えすぎて失敗した！　と思ったのが苦いチコリだが、小ネギとルッコラも今、あちこちに幅を利かせている。

小ネギはあいかわらずひょろひょろなので幅は利いてないが（そういえばネギがおいしいことを初めて知った。スーパーで買うネギは3本ぐらい透明なビニールに入っていてたいがいすこし乾いてしなびている。もともとおいしかったとしても採ってから時間がたつのでしょうがないのだろう。畑から採ったばかりのネギはみずみずしくて、焼くと白い球根がトロッと甘くなる）。

ルッコラは野性的な力強さで生きている。ゴマのような風味があり、サラダにちょこっと入れるだけなのでなかなか食べることがなく、伸び放題。点々と生えているそれらのルッコラはなぜか株ごとに微妙に違う。葉に毛がたくさん生えているもの、あまり生えていないもの、葉っぱの色が濃いもの、薄いもの、葉の切れ込みが深いもの、浅いもの。これ、本当にルッコラかなあ…と思うこともある。

今日はルッコラの葉っぱを採ってきて、玉子と炒《いた》めた。ルッコラ玉子炒め。おいしかったです。小松菜と玉子のソテーに野性味をプラスした感じ。困った時のルッコラ、ニラ玉みたいに、何もない時に重宝するおかずだ。

大根と葉野菜しかない

12月の中旬になった。

今採れる野菜は大根とカブ、緑色の葉野菜。

大根の葉を捨てられなくて、最初は頑張って味噌《みそ》汁に入れたりふりかけを作ったりしていたけど、さすがに多すぎるので細かく切って乾燥させることにした。3段の網に入れて干したら、とても小さくなっていた。

もぐら

もぐらはまだ元気に動いている。

ドーム状の盛り上がりが畝を横切っているのを見るとガックリくる。さやえんどうの新芽がドームの上に高く持ち上げられていたので、まわりを足で踏み固めた。小さな人参《にんじん》の下にもドームができていた。縦横無尽に掘り進んでいる。

菊芋

今朝の「島の自然農園」の動画では菊芋を掘る様子が流れた。植えっぱなしで毎年採れるのだそう。私は菊芋が好き。いつから好きになったのか覚えてないけど菊芋はおいしいという記憶がある。で、この秋は道の駅で2回買って、薄切りにして揚げたりオーブンで焼いて菊芋チップにして食べた。形がデコボコしていて調理が面倒なので今年はそれでもう十分と思っていたら、動画の中で、掘り上げた菊芋をそのままた土に埋め戻すと来年芽が出ます、と言っていた。なるほど。そういえばサウナでいつも会う方も、埋めたら芽が出るよと言っていたっけ。

で、さっそく道の駅に買いに行く。

あった。ひとふくろ100円。3人の生産者の方が出していたので、いちばんたくさん入っている袋を買った。半分食べて、半分を植えてみよう。とても楽しみ。

ほうれん草と人参

毎朝の畑の見回り。

近頃、毎朝、もぐらが通った穴がボコボコしている。今まではこんなに野菜の直下を通っていなかったのになあ。かぶや人参の真下が大きく盛り上がっている。エンダイブや水菜の小さな芽の下も。これでは枯れてしまうかもなあ。踏めるところは足で踏んで押さえる。

昼間、暖かくなったので、小さいままでいつまでも大きくならないほうれん草と人参を間引くことにした。人参の葉のお好み焼きを作ろう。

まず、人参を引き抜く。わずか数センチ～十数センチの葉っぱなので人参は育ってないだろうと思ったら、一部、ちょっとだけできていてうれしかった。数センチの人参。葉っぱはお好み焼き風にして、人参はグリルしよう。

ほうれん草は3～5センチぐらい。色がだんだん薄くなってきたのでこのままでは食べることなく終わるかもなあ…と思ったけど、今日は時間があるので小さい葉を丹念に間引いてソテーして食べようと思う。コツコツ収穫したらお茶碗《ちゃわん》一杯ぐらいにはなるので、丁寧に調理するとけっこうおいしい一品になる。ただ、時間がかかるので暇な時しかこの作業はできない。

コツコツやったらけっこういい感じに集まった。

菊芋も、敷地の端っこに7個、植えてみた。芽が出たらうれしい。


夜。人参の葉っぱと大根のお好み焼き、ほうれん草の塩炒《しおいた》め、人参と鶏肉のソテーを作って食べた。どれもとてもおいしかった。ほうれん草は極小なのに根元の赤いところが甘く、人参もうまみがあった。人参の葉っぱは大根と一緒に大根餅《もち》のようなお好み焼きのようなものを作った。こちらは人参の葉っぱの味はあまり感じられなかった。大根と卵白、オキアミ、片栗粉などを入れたからだろう。

12月中旬　暖かい冬の日

朝は霜が降りていたけど昼間はとても暖かくなったので畑に出て細かい作業をしたり、あちこちじっくり見たりする。いつも前の道を通るおばちゃん（髪型がバッハのようなのでバッハさんと心で呼んでいる）が「いろいろな野菜がちょっとずつあって楽しいね」と声をかけてくれた。

ミニミニほうれん草が思いがけなくとてもおいしかったので、急に大事にし始めた私。上から油粕《あぶらかす》をパラパラまいて水までかけた。それから人参にも。

キャベツの葉に青虫がいないかと調べるのは楽しい。青虫を克服したので、じっくりと葉の裏や表を見る。

小さな大根をひとつ、抜く。大根の葉っぱは外側の半分を畑に敷いて、半分は食べるために持って帰る。

9月に、レタスの種を3袋まいた。緑色のレタスがいちばんたくさん芽が出て育った。赤い色のレタスは、1袋まいて、育ったのはたったのひとつだった。点々の模様が出るレタスは結局ひとつも育たなかった。小さな緑色のレタスの葉を1枚ずつ切り取って食べている。

水菜も小松菜も小さい葉を1枚1枚取って食べる。次々と葉は育っている。

ポカポカの陽射しの下、それぞれの野菜を見て、これらが全部食べられるとは…と改めてありがたく感じる冬の日だった。

毎朝の緊張

毎朝、私は起きて、まず畑に行く。

そして、全体の様子を眺める。近頃はいつも新しいもぐらの穴ができている。

ああ…、今日はここを通ったのですね…と思いながら踏めるところは足で踏む。踏めないところ、野菜の葉っぱがあるところは足で踏まず、手で押さえる。

もぐらがどこを通ろうとも、私にはどうしようもない。

毎朝、その結果を知るだけ。野菜たちもその上で生き抜くものもあるだろうし、弱るものもあるだろう。

もぐら、野菜、私。それぞれの道を行くのみ。

冬至

12月22日。きょうは冬至。一年でいちばん昼が短い日。

近ごろはぐっと寒さが増して、朝はいつも霜が降りている。そしてもぐらのドームも毎日できている。今日はほうれん草の下やちぢみ菜の下を掘り進んでいた。できる範囲を足で踏む。

「島の自然農園」の先生が、こぶ高菜がおいしいと何度も言っていたので私も種を蒔《ま》いてみた。その葉がちょっとだけ大きくなった。私は、高菜は漬物にしかできないのかと思っていたけど先生が油炒めにしておいしく食べている様子を見て、そうか、漬物だけじゃなくて炒めてもいいのかと思ったからだ。

その葉を3枚ほど切り取って、油炒めにして食べてみることにした。

慎重に摘み取って、慎重に洗って、切って、ソテーする。

すると、「試食がおいしい理由」のせいか、とてもおいしかった。

夜は、白菜。

小さくて、ぜんぜん巻くまでには至らない。葉の長さ15センチほど。人参《にんじん》も白菜も大きくならないのは地力《ちりょく》がまだないせいだと思うが、白菜の葉を切り取って食べてみることにした。よくある白くて柔らかそうな白菜の軸みたいなのはできてないけど、緑色の濃い葉っぱをざっくりと切って、塩で煮てみた。それはそれでおいしかった。

この畑の野菜。私ひとりなら毎日ほんのちょっとずつで足りる。たぶん少量ずつ何かを見つけて食べていけるだろう。

でも、お正月に息子のサクが帰ってくると言う。なので急に採る量を控えて、できるだけたくさんの野菜が残っているように調整することにした。

大根は残しとこう。聖護院《しょうごいん》かぶも残そう。極小人参が少しでも大きく育てばいいが。

ミニミニほうれん草も生き延びてほしい。

なのに毎日霜が降りるし、もぐらもここのところやけに活発に動いてる。

どれくらいの野菜が残っているか…。私はただ見ているだけなのでハラハラする。

食べられるものが少なければ少ないほど慎重に摘み取って、集中して調理する。すると貴重なだけにものすごくおいしく感じられる。

広く浅く、と、狭く深く。

その法則がわかったので、少量の料理はとびきり楽しい。

今日ももぐらが…

朝の寒さが厳しい日々。

毎朝、畑を見にいくのが日課なので、まず起きてすぐに見に行く。すると今日ももぐらがトンネルを掘っていた。畝間の堅く踏みしめられた地面を畝間に沿って掘っていて、きれいにL字形ができていた。こんな堅いところに…。すごいね。

足でグイグイ踏み固める。

野菜の生長はゆっくりになって、ピタリと止まってしまったよう。いつまで食べることができるのだろう。もっと寒くなる前の今のうちに食べてしまった方がいいのか、このままにしていてもいいのかがわからない。まあ、今年は観察して、その結果で来年のやり方を決めよう。なのでこのままにしておこう。

年末

明日は大晦日《おおみそか》。

先週末に寒波が来て、ものすごく寒くなった。畑には霜が真っ白に降りる日、寒いのにあまり降りない日などさまざま。今日は曇っていてうすら寒い。

畑を見に行くと、もうどの野菜も生長を止めたようで、レタスもひとまわり小さくなったように見える。しばらくながめてから家に戻る。

ストーブの前で丸い木のテーブルに座って朝ごはんを食べていた時、窓のむこうに畑があるんだなあと思った。

この窓の外、道をはさんだむこうの畑で育っている小さな野菜たち…。

その様子を心に思い描いたら、その根っこが地面に広がっていて、その地面がここまで続いていて、その根っこが私まで届いているように感じた。

あそこに食べ物がある。大きさは小さいけど、あそこには食べるものがある。食べられるところを選んで集めたら料理できる。まるで私の生きた食料庫だ。その不思議さ、ありがたさ、おもしろさ、気楽さ、安心感。

うーん。あそこに食べ物がある…。

人から見たら豆粒のようかもしれないけど私から見たらものすごい多さだ。

そのことを強く感じた朝だった。

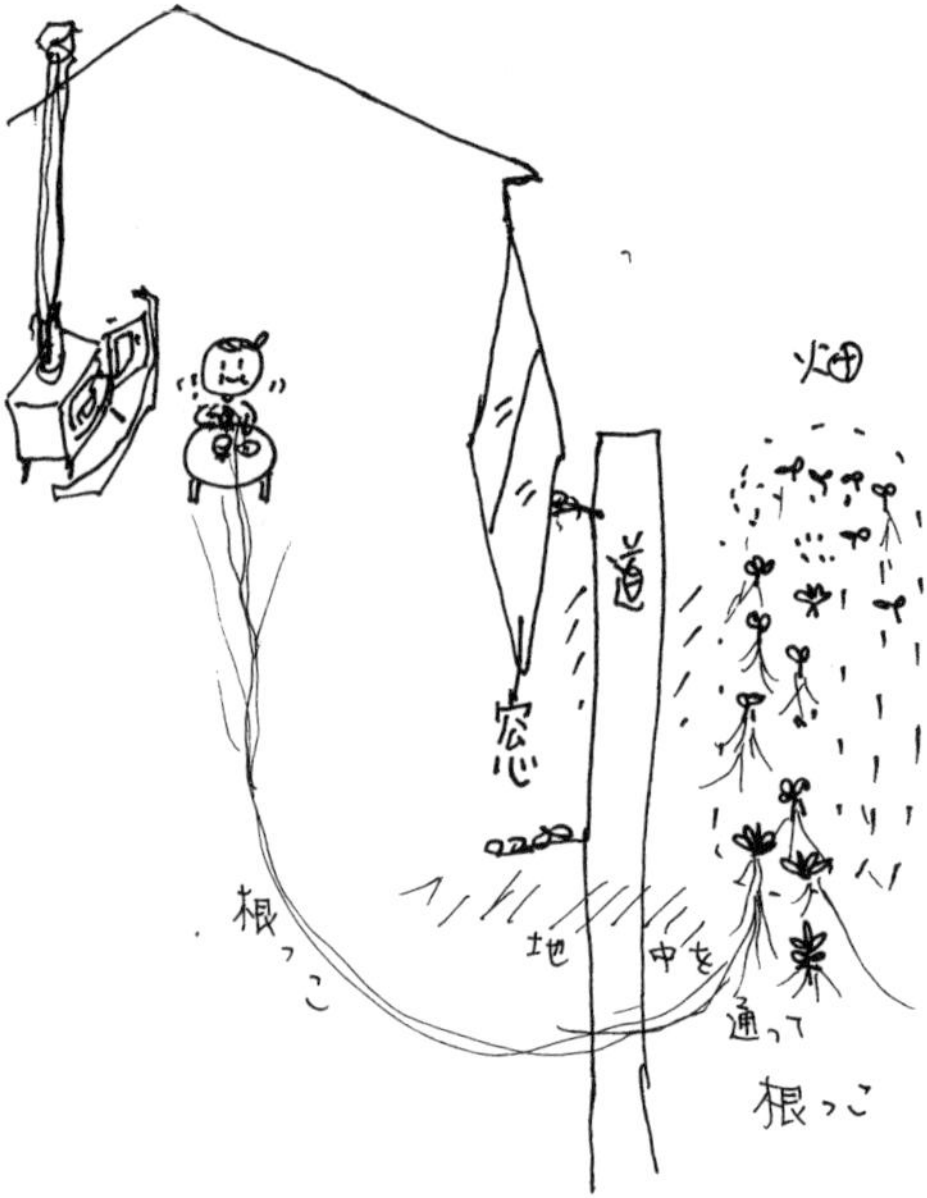

畑
道
窓
根っこ
地中を通って根っこ

12月5日. さやえんどうの芽が出ました. 右には にんにく.

それを使った夕食

本日の収穫. 小松菜・水菜など

大根と一緒にピクルスに

ボロボロのラディッシュ・すみれかぶ

ほうれん草をバラまきに。まびき菜を食べます

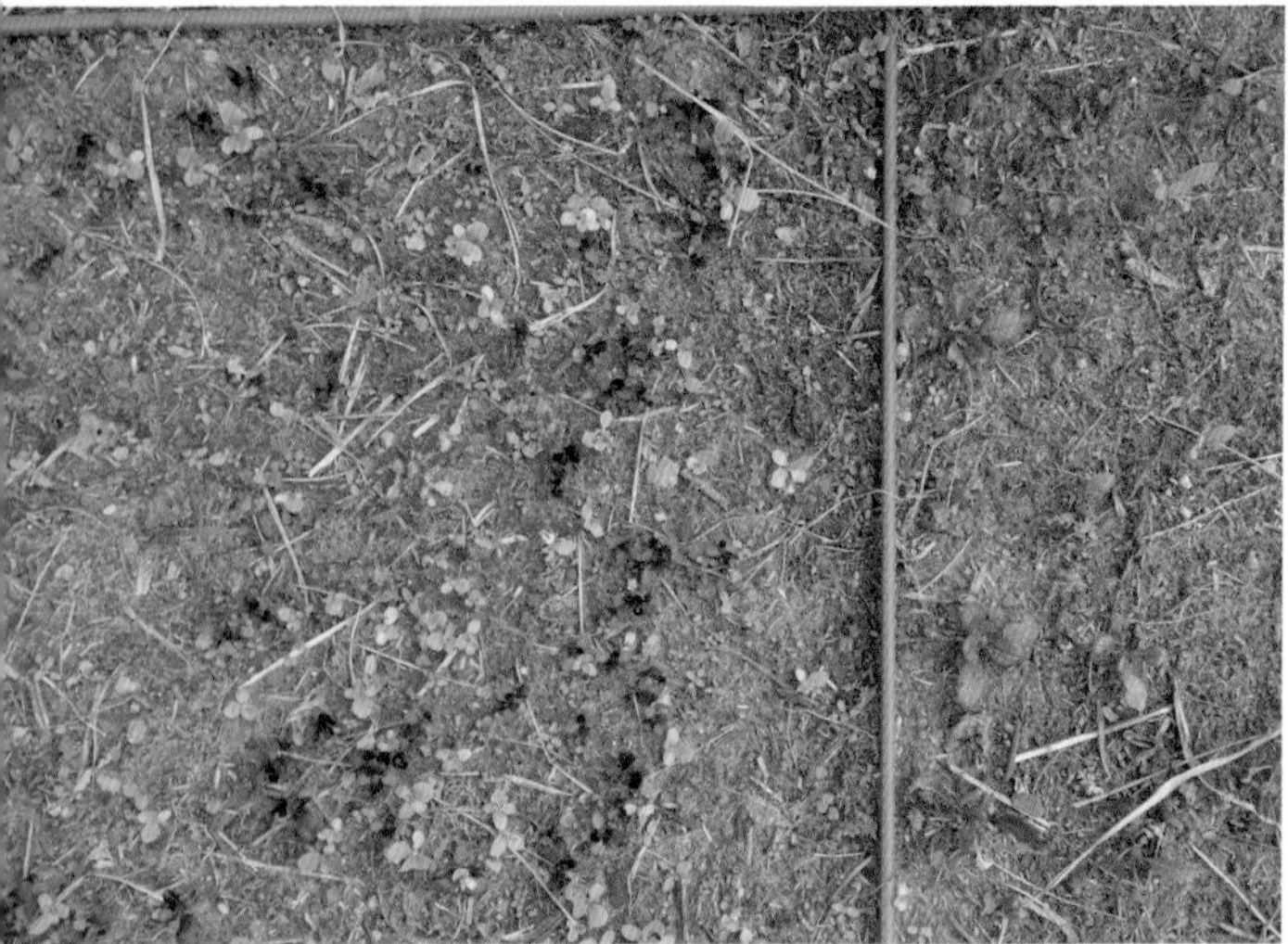

レタスのバラまき。これは小さいまま。ほとんど大きくならず

右は ほうれん草の まびき葉

人参を間びきました。

左は人参とチキンのソテー。まん中はほうれん草ソテー。右は人参の葉のお好み焼き

レタスは外側から葉っぱを一枚ずつかきとっています

毎朝、まず もぐらの道を みつけます。この日は 畝間を L字形に 通っていました。

12月28日．かなりぶ厚く霜がおりていました．ベルベットのよう．

全体的にまっ白．地面はカチコチ．

1月3日の収穫．にんじん、ラディッシュ．ほうれん草．レタス．水菜．からし菜

ほうれん草のソテー
小さくてもおいしい
塩こしょう味

野菜サラダ
いろんな野菜を
塩．こしょう
アマニ油で
あえる

切っただけ
にんじん．ラディッシュ

1月5日。冬の畑。ペタリとはりついてるよう。

1月20日　なさそうで　けっこう食べるものがある

それらを いためて 和風ハンバーグの上に

白菜2種と ちぢみ菜

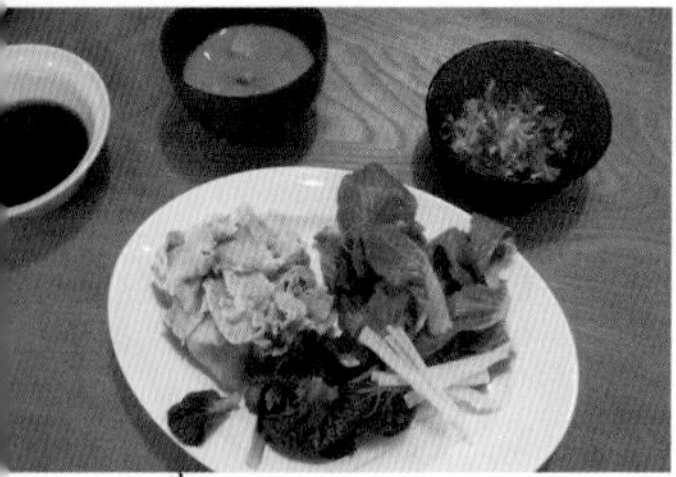

青い葉っぱを ゆでて しゃぶしゃぶ

にんじんソテー・かぶのみそ汁・葉っぱ焼き

サラダと クリームシチュー

同じような 感じです

油いため

葉もの類 いろいろ

ホーム玉ねぎ。小さいけれど掘り出してみました

きれいに洗ったら まっ白ピカピカに

焼きそば用セット

葉っぱが青々としていて、よい

タコ状態の小松菜たち

畝間がせますぎたので広くしました（右側）

2月12日。とれるものがほとんどなく、キャベツの葉を1枚、そっととりました。

それらを使った朝食。キャベツソテー、ねぎとかつお菜のみそ汁、赤かぶサラダ。

大根、こぶ高菜、タアツァイ、春菊。冬は虫がいないので葉物が作れました。

こぶ高菜の芯がおいしいと聞いたので細切りに。でも若すぎて味がのってなかった…

2月15日。ますますペタンコでなんにもないみたいだけど、

近づいてよく見ると、白菜(小さくて巻いてないけど)もブロッコリーもあります。

小松菜、水菜、からし菜、ねぎも。

家にあったかぼちゃとじゃがいもを足して、

集めたらこんな感じ

余りはサラダに。

こんなオードブルを作ってみました。

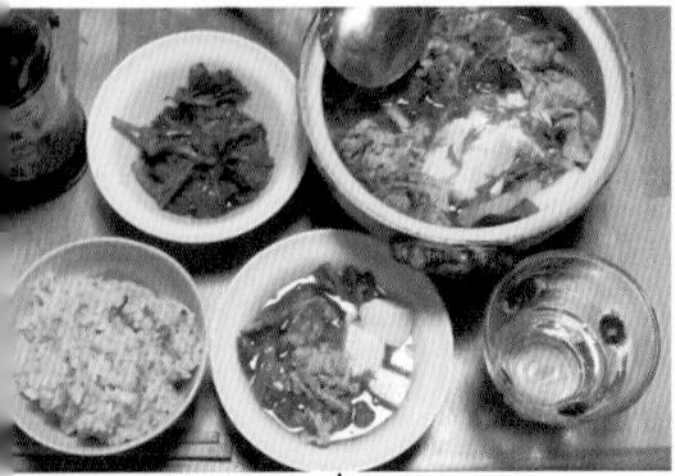

できたおかずも緑たっぷり

2月18日は、緑の葉ずくめ

目玉焼きのつけあわせに

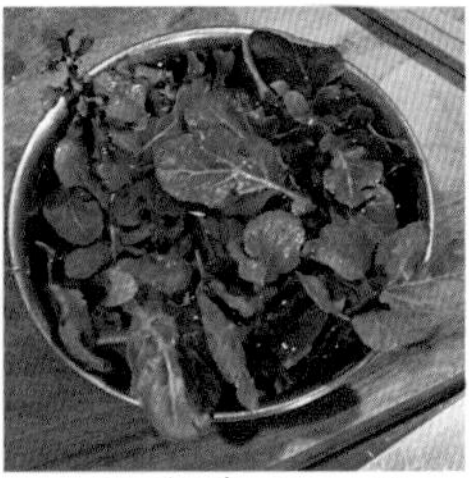

困った時のルッコラ

極小ブロッコリーできてる

思わず見入る。じっと見る

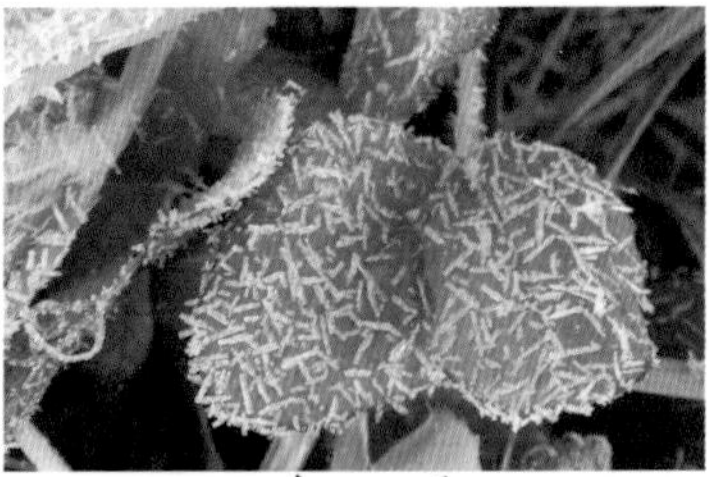

2月25日、寒い。霜がきれい！

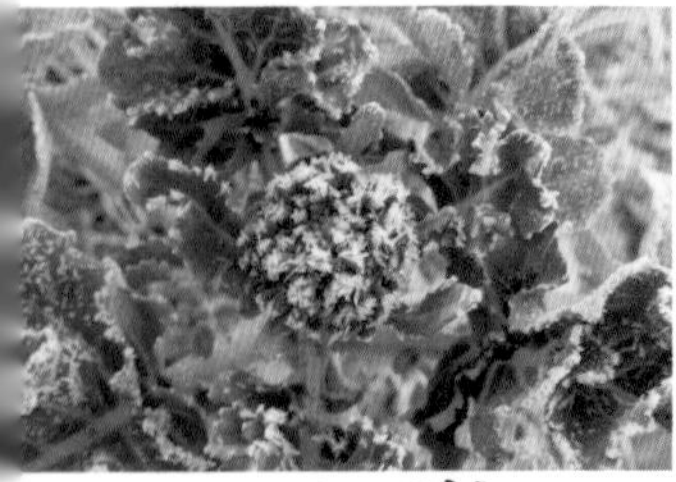

ブロッコリーもこんなふうに

アイスプラントみたい…

道をはさんだむこうの畑で
育っている小さな野菜たち…
あの根っこが ここまで続いてる感じ。
あそこに食べ物がある。

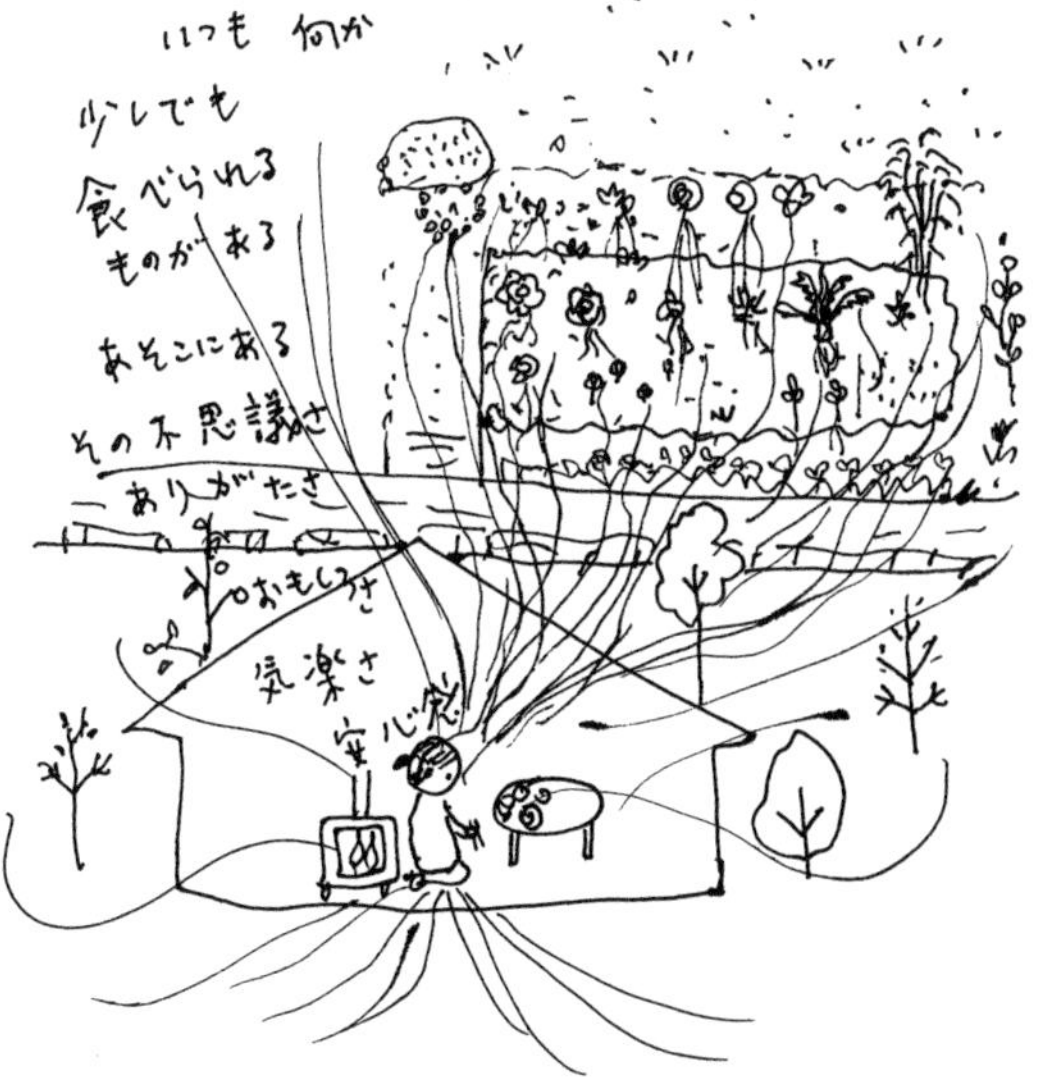
いつも 何か
少しでも
食べられる
ものがある
あそこにある
その不思議さ
ありがたさ
おもしろさ
気楽さ
安心感

1月の畑

1月の畑の野菜は小さくしょぼくれて見える。

毎朝見に行くたびに、まずもぐらのドームを踏む。

霜が降りても陽が射すと元に戻る。これから育つえんどう豆とそら豆は柔らかそうな葉なのによく枯れないなと思う。

私は小さな小松菜やちぢみ菜を食べる分だけかき取って料理をして食べる。

先日は白菜2種と小松菜を数枚ずつ調理して食べた。なんだかもう、味がどうとかいうより、ただ食べられるだけでうれしい。まだこの不思議な感覚に慣れていない。

黒い犬の畑

私の畑は幅4メートル×13メートルと書いた。今では幅が少し広がって5メートルをちょっと超えるかも、というところ。そこで春から冬までいろいろなものを育ててきて、思ったことがあった。

手のかからない、植えっぱなしにしていい野菜で、やけに葉が大きく広がるものがある。例えば、さつま芋、落花生、里芋、カボチャなどだ。

そういうのが狭い畑にあると葉が茂ってけっこう邪魔になる。手がかからないのだからどこか他の場所に植えたいなあ…と思った。私の畑からうちの敷地内を3分ぐらい歩いたところに、今は何も植えていない草が生えっぱなしの土地がある。たまに兄が草刈りをして手入れしている土地だ。あそこがぴったりな気がする。まわりの3方を人の家に囲まれていて、それらの土地は1メートルぐらい土盛りされている。

奥のところに鳥が種を落としたような木が生えていて、そこには黒い犬が鎖でつながれている。

秋、畑に敷く草が少なくなった時、そこにまだ青々とした草が生えていることを思い出し、草刈りに行ったことがある。

カゴをもってトコトコと歩いて行ったら、犬がこっちを見ていた。「こんにちは」と心で思いながら草を刈る。最初はワンワン吠《ほ》えていたけど、そのうち静かになった。やがておとなしく地面に寝ころんで、そこから私をずっと見ている。草を刈りながら私はまわりを見回した。

ここはぴったり。ここに植えさせてもらいたい。

ある日、兄にそのことを伝えたら、敷地の手前には物を置くかもしれないけど、奥の方ならいいかもしれないとしぶしぶみたいに言う。

黒い犬の畑
ここが私の畑
このへんをかりたい
犬
10m
5m
草地
トコトコ歩いて2~3分
草ぼうぼう
黒い犬
田んぼ

だったら試しに植えさせてもらおう。

ということで、今はまだ草だけが生えているそこに畝を立てずに菊芋を植えてみた。土はやわらかい。というよりもモグラの穴が縦横無尽に空いているような気もする。草のすき間に移植ごてを差し込んで、その柔らかい土をちょっと掘って、穴に菊芋を落として、足で踏んで押さえた。

このままだとどこに植えたかわからなくなってしまうかもしれないので棒を挿しておく。犬はこっちを見ている。

黒い犬の畑と呼ぶことにした。

メニューに変化

私が去年の夏に「これからは自分の畑で採れた野菜だけで生活してみようか」とひらめいてからそれを実行するのに、けっこう勇気と決断が必要だったのは、食生活がかなり大きく変わるだろうなと予想できたからだ。それまでは今日何を食べようかな〜と考えて、自分が知ってるすべてのメニューの中から、なすとひき肉のカレーとか、トマトスパゲティとか、大根と豚肉のしゃぶしゃぶ、とか自由に選んでいた。そして材料をスーパーに買いに行ったらなんでもあった。季節も旬も関係なくなんでも売り場にはあった。

でも、自分の畑にある野菜だけで料理をするとなると、メニューを考えるのでなく、まず今何を食べられるかなと畑を見て、そこにあるもので作れるものを食べる、ということになる。それがすごく大きな変化なので、勇気が必要だと思ったのだ。もう冬にトマトとなすのスパゲティを食べられなくなる。夏に大根のしゃぶしゃぶは難しい。そういうことに耐えられるかな…。

でも私の気持ちは、そうしてみたい、それに挑戦してみたいという方にどんどん傾いていった。それでそうしてみることにした。

あれから5カ月ほどたって、今は畑の野菜だけでほぼ生活している。うちの畑で採れないものだけはたまに買う。ごぼう、きのこ類、珍しい野菜などだ。

うちの畑にあるけどまだ小さいもの、これから大きくなるかわからないものがあって、たとえば人参《にんじん》は小さいのが少し、白菜も小さいし、春菊も小さい。でもそれを外で買う気にならない。じゃがいもも今年はあんまり採れなかったけど来年はたくさん作りたいなあと思っていて、だから今は買う気にならない。

小松菜やちぢみ菜やターツァイなどの葉物野菜は小さいけど集めると十分に食べられる。それらを摘んで食べるのが楽しみ。料理する前に畑に行って、葉っぱやカブを食べる分だけ収穫して、焼いたり、煮たりする。

もうメニューを考えなくなった。ここにないものを食べたいと思わなくなった。かえってここにないものを食べることに抵抗を感じる。

ここにあるものを調理して食べることで満足で、なんの不満もストレスもない。というよりもそのたびに幸福感を覚える。そのことが驚きだった。

たまに外食もするし、お菓子も買うけど、その時はそれを満喫する。たまになのでそういうのもおいしい。

自分と食べ物の関係が大きく変化した。このことは、もっと時間がたてば、もっとうまく表現できるようになると思う。

1月の下旬

今は1月の下旬。畑に特に変化はない。野菜は小さいままじっとそこにある。

私はザルを片手に畑に行って、5~7センチの葉物、小松菜、ちぢみ菜、ターツァイ、かつお菜、チンゲン菜、白菜などを採って、料理に使う。

ミニ葉物たちをみんなまとめて、煮たり焼いたり。見た目もかわいい。

畝の間の通路が細すぎたので、今のうちに通路を広げる作業をしたい。春になったら忙しくなるから、今のうちに手入れをしたい。黒い犬の畑にも小さな畝を立てなければ。と言いながらあっという間に日が過ぎていく気がする。

種の整理

種袋の整理をした。土で汚れた表面をきれいに拭《ふ》いて、ジャンル別に分ける。数えると65袋もあった。試しにいろいろな野菜を植えてみたいと思ったせいだ。そして少量ずつ蒔《ま》くので種が余るせいだ。種にも寿命があるらしいのでいつまで芽が出るかはわからない。

それから、春に蒔く夏野菜の種も注文した。なす、トマト、ピーマンなど。

種と苗について春から今までやってきて思ったことがある。

最初は、種を畑に直播《じかまき》していた。それからホームセンターなどで苗を買ったりもした。そしてポットに種を植えて苗立てにも挑戦した。でも苗立てはうまくいかなかった。ホームセンターで買ってきた苗は立派ですごいと思ったけど、植えた後にすぐ虫がついたり、動物に襲われたりした。そして大きくなったあと、わりと早く衰えた。それに比べて直播した野菜は、最初の頃はとても小さくてほんの数センチの大きさのま

だんだん育ってきて、やがて夏が過ぎて秋になってもまだ丈夫に実をつけていた。いつのまにかまったく変化なし、のように見えたものもあったけど、途中から、

それらの成り行きを見て私が感じたことは、やはり自分で種から育てたいということ。できれば今年は苗立ても頑張りたい。

買ってきた苗と自分で育てた苗はものすごく違う、根本的に違う、ということもぼんやりわかった。種も、自然農の方の話によく出てくる「野口種苗」や「たねの森」の種と、ホームセンターで売ってる種とは違う、ということもなんだかわかった。ホームセンターで売ってる派手な名前のカブの種を蒔いたら、私にしてはきれいな赤いカブができた。でも不自然さを感じた。まわりのはどれもやっとこさ、えっちらおっちら葉をのばしてるのに、これは丈夫な葉が出て、実もきれいで大きい。でもそのきれいさがよそ者のようなきれいさなのだ。

それから、自分が育てた大根やカブと、道の駅などに出ている巨大な大根やカブの違いにも気づいた。お店の大きくてきれいなカブを何度か買ってみて思ったことがあった。大きくて立派だけど、味がぼんやり（？）している。なんだかあの立派なカブを買う気にはなれない。

種採りもできれば今後、やっていきたい。今年はできたものを食べるだけでせいいい

っぱいで、種まで見守る余裕がなかった。

ほんの偶然、見過ごしていて種になったものもある。インゲン豆や枝豆だ。葉の陰になっていてそこにあると気づかずに、秋になってカラカラになっているのを見つけた。その種はとってあるので今年蒔いてみよう。

苗立て、種採り、新しい野菜など、まだまだやりたいことがたくさんある。

苗立てはうまくいかなかった。

いろいろトライしたけど全然だった。芽が出なかったり、出てもすぐに萎《しお》れたりした。それには理由があるのだろう。今はまったくわからないけど、そうか！　と驚く発見がたくさんあるだろう。

知らないことがたくさんある。そのことがとてもうれしい。

知りたいけどまだ知らないことがたくさんある。それこそが宝物と言えるのではないだろうか。知りたくて知らないこと、こそが宝物。

もう一回書き直す。

「今はまだよく知らないけど、これから知りたいと強く思っていることがあること」。

私にとって宝物とはそういうもの。

お金で買えるものは、本当に貴重な宝物にはなりえない気がする。

2月になった

2月になってあたりを見回すと、水仙の花が咲いていたり蠟梅《ろうばい》の花が売ってたりして、もう春が近づいてきているのを感じる。

私は畑に出て、食べられるものを収穫して食べる。今日はクリームシチューを作るためにターツァイとホーム玉ねぎを収穫した。

ホーム玉ねぎは去年の秋にホームセンターで買ってきたもの。その小さな玉ねぎを植えたら2カ月後には食べられるはずだった。なのに何カ月たっても大きくならないので数日前にふたつほど掘ってみた。ほとんど大きくなっていなかった。何が悪かったのかわからないが、その小さな玉ねぎというか、ネギの根元が太った程度の玉ねぎを半分に切って焼いてみたら、とても甘くておいしかった。そうか。見た目は小さくても味は味わえる。そのエッセンスを体験できる。

で、今日は残りのホーム玉ねぎを全部掘り上げた。ちなみに種を蒔いた玉ねぎはほとんど育っていない。5センチぐらいのが数本。そして50円のセールで買った玉ねぎ苗も小さいまま。

ターツァイの中央を覗《のぞ》くと小さな花芽ができていた。

おお。このまま放っとくと花芽が出てくる。花芽もおいしいのだそう。でも今は葉っぱを食べたいので地ぎわから切り取った。

だんだん暖かくなると葉物野菜はトウが立ってくる。

ところで、前に枝や葉を中央の棒に縛りつける道法《どうほう》スタイルという育て方を知って興味を覚えて、大根やカブなどのいくつかの野菜とレモンの木を縛ってみた。植物ホルモンが関係してよく育つらしい。しばらくそのままにしていたけど見た目がなんだか窮屈に感じて大根もカブも縛りを取ってしまった。

でもこの春に育てるズッキーニはまっすぐに立てて育ててみようかなとちょっと思ってる。その方が葉っぱが邪魔にならないかも。

タコ

改めて畑の野菜を眺めてみると、私が葉っぱを随時ちょこちょこかきとって食べていたせいで、完全に広がって育っている葉物野菜はほとんどない。外側から葉を切り取られていて真ん中の部分だけが立ち上がって見える。

…何かを思い出す。

そうだ。居酒屋のタコだ。

ずっと前に近所の居酒屋に何度か食べに行った時、タコ刺しがメニューにあったのでそれを注文した。コリコリとおいしく食べて、お店を出る時に水槽を見たら足を一本切られたタコが泳いでいた。もしかすると私が食べたのはこのタコの足だったのか…。

数日後、またその居酒屋に行った。そしてまたタコ刺しを食べた。帰りに水槽を見ると、足の数が減ったタコが泳いでいた。だんだんタコの足が減っている。

あのタコを思い出していた…。

とはいえ、毎日新鮮な野菜を食べる分だけ少量ずつ収穫できるのはとてもありがたい。


キャベツも、少しずつだけど大きくなってきている。色は緑色から暗い紫っぽい色であまりきれいではないけど。春に種を蒔いたキャベツは小さくて虫食いだらけでひどい状態だったのでとてもうれしい。

ある日、焼きそばを作ろうと思い、キャベツの葉3枚とネギ、ケール少々を摘んできた。キャベツはまだ巻いていなかったので外側と内側のあいだのあたりの葉を摘んだ。キャベツの芯《しん》を薄く切って味見したら甘かった。

フライパンで炒《いた》めたら、サーッと鮮やかな緑色に変化した。わあ。きれい。味もお

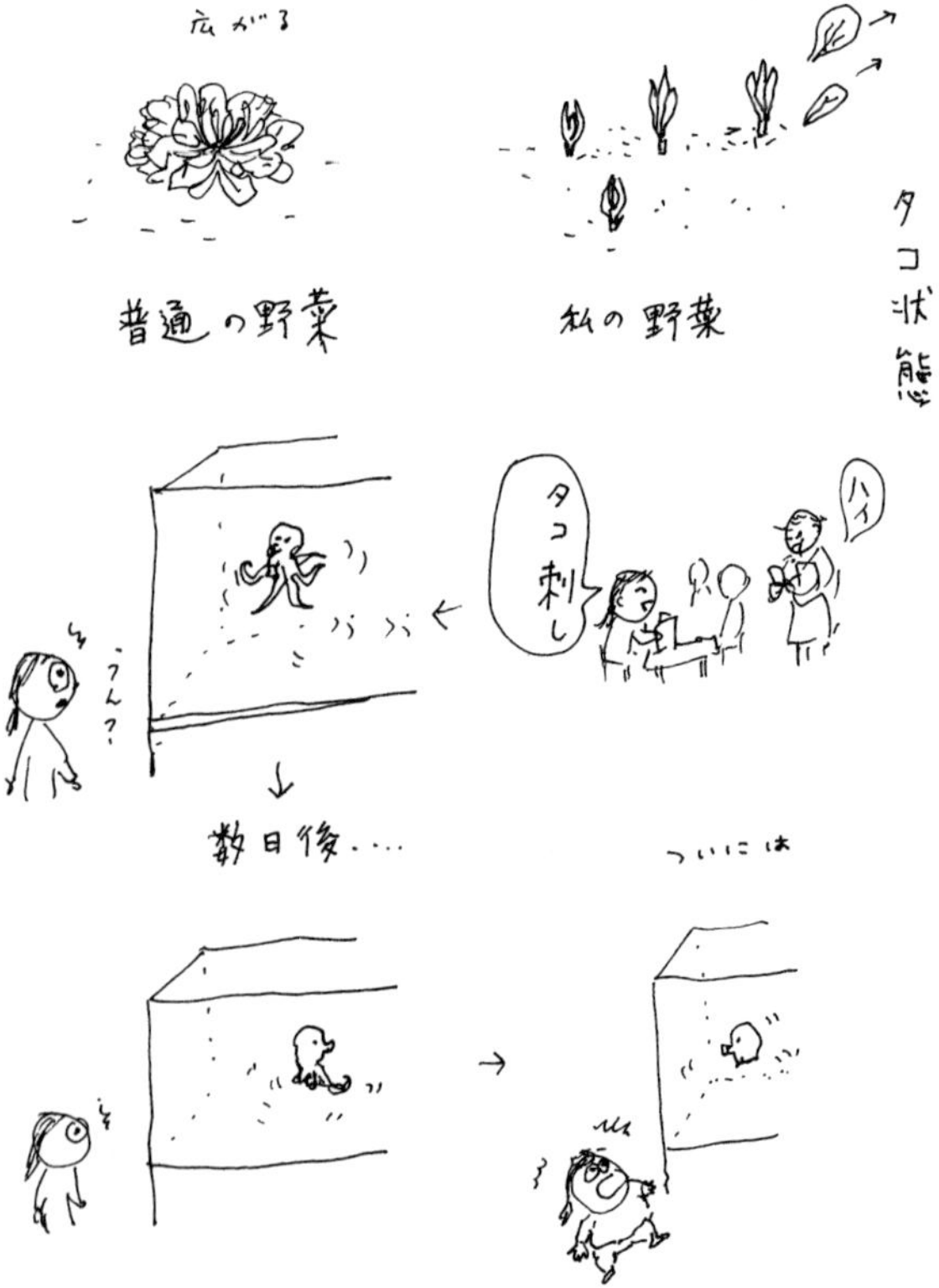
広がる
普通の野菜
私の野菜
タコ状態
タコ刺し
ハイ
うんっ？
数日後....
ついには

いしかった。

にんにく、玉ねぎが弱々しい

にんにくと玉ねぎが弱々しい。にんにくは葉の先が茶色になってる。50円で買ってきた玉ねぎは地面から3センチぐらいしか緑色になってない。草木灰《そうもくばい》を撒《ま》くといいと聞いたので、薪《まき》ストーブの灰を撒いてみた。

その玉ねぎは草の勢いに押されていた。草取りをしなければ。少し草を取って、灰を振りかける。そうしたら急に元気に見えてきた。そうだった。目と手と愛情をかけないと生き物はよく育たないんだった。

忘れてた！

玉ねぎの草整理をしよう。


去年の秋に植えたホーム玉ねぎを全部ソテーして食べたらとても甘くておいしかったので、うわあ〜、こんなんだったら、玉ねぎが実際にできたら、どんなにおいしいだろうと思った。

でももしかしたら私は、ばかみたいに小さい収穫物を熱心に集めて、異常なほど丹念に味わっているから、こんなにおいしく感じるのかもなあ…。

でもでも、それでもいいじゃない。だっておいしいんだから。

自分にとっていいものがいいんだよ。

他人の言うことさえ気にしなければ人生はいたって穏やかだ。

他人の言うことさえ気にしなければ人生はいたって幸福だ。

畝の修正

畝間を狭く作りすぎたので冬の間に修正しようと思っていた。

40センチぐらいが歩きやすいそうだが私の畝間は25センチほどしかなかった。特に狭い北側の畝間は歩きづらいのでその隣の草の生えている、ところどころに野菜を植えている部分を歩いていて、なんとも不便な作りだった。

2月の暖かい日。今日、それをやろう。

スコップと鍬《くわ》を持って畑に行く。スコップでザクザク切れ込みを入れて、土を掘り上げた。草がたくさん。根もたくさん。かたまりのまま上に置く。

汗が出た。畝間が広くなってうれしい。うれしくて何度も畑の周りをクルクル回る。

庭の落ち葉を集めてきて、畝間に敷いて完成。すごく便利になった。

3月2日. ついに その極小ブロッコリーを 収穫しました.

ゆでて、
ミニ皿に ちょこん
塩 パラリ.
葉っぱは
温サラダに.
すごくおいしいです

黒い犬の畑。菊芋をうえた所に棒をさしておいた。

これが黒い犬。上の写真にもまん中に小さく。立ってこっちを見てます。

3月6日。紫色のは、からし菜。形が大好き。

イカとあわせてスパゲティにしました。

からし菜とキャベツの葉1枚。渋い！

カツのつけあわせに。

まずスコップでワクをとります.

畑を広げることにしました. ワーイ.

横に9列!

どういうふうに畝を区切るか…

約2倍になりました. 2倍以上かも. うれしい…

葉っぱをゆでたもの。こういうのが大好き。見た目にも心が躍ります。

葉っぱ入りみそ汁。
自家製切り干し大根も
入ってます。

左は、ミニフライパンで
ほうれん草のソテー。
結局、大きく育ちませんでした。
でもこのほうれん草が
おいしいんです。

温泉の蒸気でさつま芋をむす.

できました! すごい熱さです.

切って 天日干し.

小分けして、密封して、冷凍庫へ

半生に干したので やわらかくて甘いです

丸くて白いこの形！ 絵のよう．

ノビルを食べてみることにしました

春に育てたキャベツは虫食いだらけで小さかったけど冬のキャベツはきれいに育ちました！

アブラナ科の野菜はみんな菜の花に

キャベツいため、鮮やか！

ギシギシです

ヨモギです

それぞれに調理。上がギシギシ。

きれいに洗って…

ヒョロヒョロトリオ。左から玉ねぎ、ニンニク、ソラマメ

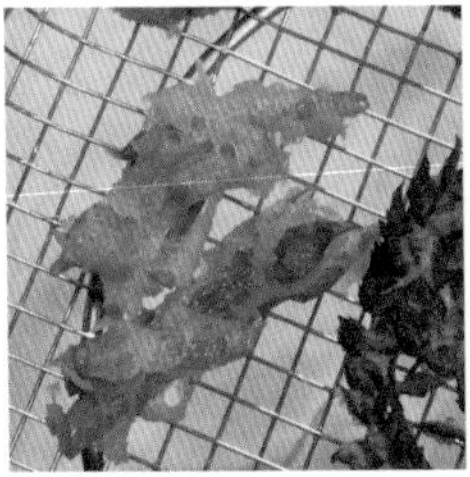

天ぷらに。

ネギの花のつぼみ

キャベツを切ったところ

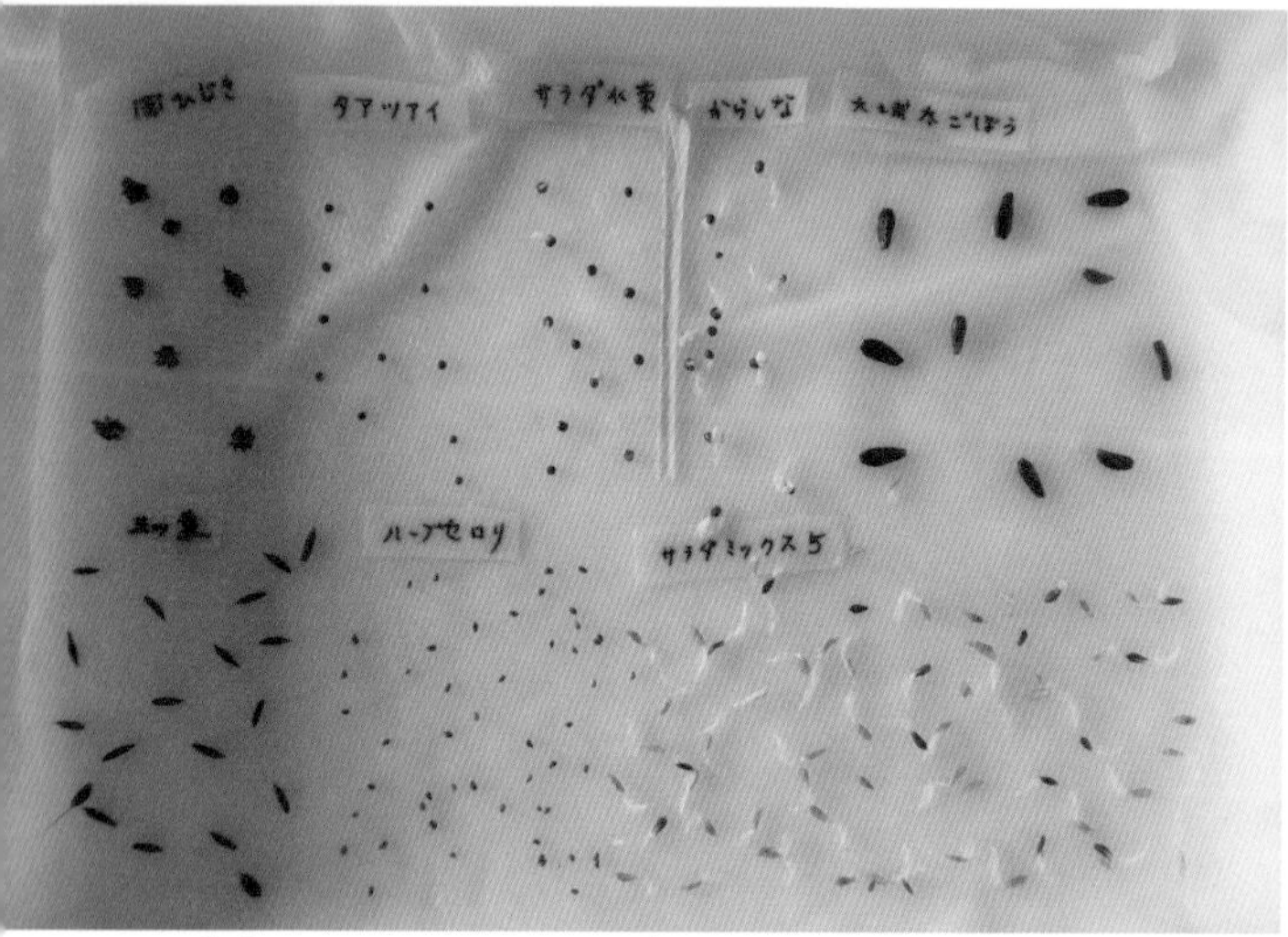

苗立てがむずかしいので、まず家の中でトレイでやってみました

子どもの小学校の時の机と椅子を物置小屋からひっぱりだしました

4月1日　ニラ、アスパラガス、スナップえんどう

さっとソテー。キラキラしてます。

1年やってみて、いちばん手がいらず、強く、コツコツ育っていたのはルッコラとネギでした。

緑色の野菜食べ比べ．それぞれの味がします

アスパラ、キャベツ、かつお菜、高菜、小松菜、ブロッコリー

ルッコラの花がおいしいことを発見.

塩・こしょう. アマニ オイルで. 花そのものも美しい. 線が入っていて

ガレージの育苗トレイでも苗作り。芽が出たり、出なかったり

いろいろな野菜に挑戦してます。まったく育たないものもあって おもしろい

これから ここが どんな空間になっていくのか 楽しみです

えんどう豆と じゃがいも（右奥）が 育っています。

ついでに畝の真ん中に植えていたオリーブの木を階段の下に移植する。畑の真ん中にオリーブの木があるなんて素敵、なんて思って植えたけど、影ができるし、そのうち大きくなるかもしれないのでやはり。

階段を作った畔の斜面は、前に棒（イボ竹）を突き刺したら1メートルぐらいスーッと入っていったので驚いたことがある。中はどんな構造になっているのだろう。

引き続いて、ぼかし作りもやろう。米ぬかと油かすともみ殻燻炭《くんたん》、畑の土とバークたい肥にEM菌を薄めた水をかけながらよく混ぜ合わせる。それからお湯を入れたペットボトルを中に入れて、全体をシートで包んだ。発酵して温度が上がればいいけど。

じゃがいもの種イモ

秋じゃがはうまくできなかった。なので春じゃがはぜひともたくさん作りたい。ホームセンターで種イモをいくつか買ってきた。2個ずつ小分けされたのがあったので赤いのや知らない名前のを試しに数種類。

それから食用の「ながさき黄金」も2カ所からネットで購入した。食べてみると、去年食べたあのながさき黄金の方がおいしかった。黄色みもそれぞれに違う。やはりそれぞれなんだな…と思った。

生駒高原のご夫婦が作った野菜は特別おいしい。週末にシェフたちがやってきて勝手に料理を作っていくとかなんとか言ってたっけ。それだけ貴重でおいしいんだと思う。また5月になったら買いに行こう。

ネットで買ったながさき黄金も試しに植えてみよう。

数日前に仕込んだぼかし肥料。まったく温度があがってこない。発酵していないんだ。ペットボトルのお湯を3回も換えたのに。理由はわからないけど分量を適当にしたからかなあ。バークたい肥が余計だったかも。悲しい。このまま発酵しなかったとしたらどうなるのだろう。そのまま普通のたい肥として使えるのだろうか。昨日も今日も気温は低く、陽も射さない。天気がよくなったら日に当てて、どうするか考えよう。

ルッコラのこと

畝のあちこちに移植したルッコラが根づいて、他の野菜に虫がついてもルッコラだけは元気に育って憎らしいほど、と前に思ったことを反省。

野菜の少ない今、ルッコラは最後の砦《とりで》。コンパクトながら青々と茂って、摘んでも

摘んでもいつのまにか新しい葉が出ている。すごく大好きっていうわけじゃないけど、野菜がなんにもない…という時に、葉を摘んで玉子と炒めておかずにできる。大事な助っ人だ。今はあちこちに点在していて不便なので、この春にひとところにまとめてルッコラの国を作ってあげようかなと考えている。

2月の畑

2月下旬の畑。食べられる野菜がますます少なくなってきた。

トウ立ちした小さな葉物を3本ほど摘んで食べたが、そうするとまた少なくなる。

今は春キャベツがいちばん大きい。7、8個ぐらい育っている。中の葉っぱを摘んで食べたら色鮮やかでとてもおいしかった。けどそうたくさんは摘んだらいけないと思って我慢している。またタコ状態になってはいけない。葉物類はすっかりタコなので。

茎ブロッコリーも小さいけどヒョロヒョロとかわいく生長した。中央部分に小さな花蕾《からい》ができてきた。

玉ねぎはまだ5センチぐらい。大きくならないかもしれない。先日収穫した3センチぐらいのホーム玉ねぎ。あのような甘くおいしい玉ねぎができるならすごく作り甲《が》斐《い》がある。来年はがんばろう。

にんにくはまあまあ育ってる。もともと球根自体が小さくてあまりいいものじゃなかったので期待はしていない。来年はいい球根を植えよう。

もう食べるものが何もない

さあ、困った。

2月22日。

私の魔法のじゅうたんに、細長い畑に、日に3度もふらふら見に行くけど、ついにちょこまか摘んでいた葉っぱものもなくなった。

いや。小さい小松菜やちぢみ菜があることはあるけど、トウが立ったらそのつぼみがおいしいそうなので、今はそれを待っている。

すると残りはキャベツしかない。キャベツは葉の面積が広いから結構食べがいがある。キャベツと豚肉の炒《いた》め物を作りたい…。火を入れるとたんに青々となるおいしいキャベツ。

けど、キャベツの葉はできるだけ採りたくない。今から真ん中がクルリと巻こうとしているから。巻いたら感動だ。

ぐっと我慢した。

これからしばらくは端境期で野菜がないんだなあ、ということがわかってよかった。今後の予定を立てやすい。来年はこの時季は保存した野菜ですごすのだ。しばらく野菜はよそで買って来よう。でも、それでも、自分で作ってない野菜を買おう。せめてもの抵抗だ。

昨日、庭にふきのとうが出ていた。それで天ぷらを作った。おいしかった。そういうのもちょいちょい食べていこう。

黒い犬の畑よさようなら

兄のセッセが話があるとやってきた。なんだろうと聞いてみると、黒い犬の畑じゃなく、今の畑の幅を広げるということではどうだろう、という提案だった。その方が私には便利なのでありがたく受ける。申し訳ない気もする。

セッセには黒い犬の畑をそのうち使う計画があるので、その方がいいらしい。一緒に今の畑を見に行く。広げるのはこの辺までかなあというだいたいのところを指さしながら話す。

だんだん私の領土が広がっていくのを見て、ふたりで笑った。

黒い犬の畑は幻に。ちょっと残念。あっちはワイルドに使いたかった。実験的に。でもまあ、いいか。

野生のクレソンをお浸しに

梅の花を見に行こうと、知人の家に迎えに行った。前にへちまをもらった方。庭の一角に無農薬の菜園があって、どれも元気にすくすく育っている。花や野菜を育てるのが上手な人なのだ。そして私に持って行っていいですよという。

えっ？　いいの？

本当に近頃、採れるものが何もなかったのでとてもうれしい。大きな大根2本、白菜の花のつぼみたくさん、せんもと（わけぎ）、ニンニクの葉などをいただく。どうしても自分の畑だけでと無理するのはやめてほどほどに気楽にやっていこう。だんだんにできればいいのだから。何もない時はまたここにもらいに来よう。

梅の花を見て、透明な湧き水の池を見てから、野生のクレソンが生えているところを教えてくれた。お浸しにするとおいしいですよと言う。

ビニール袋に入れて持って帰り、よく洗って茹《ゆ》でる。お浸しにして食べたらおいしかった。小分けして3日ぐらい食べ続けた。

初、茎ブロッコリー

小さな茎ブロッコリーができた。2センチぐらいの大きさだ。緑色のつぼみ。小さな点々が集まっている。何日も見ていて、もう採り頃かなと思い、ハサミで切って、茹でて塩をふって食べた。

私はブロッコリーはそれほど好きじゃないけど、このブロッコリーは青臭さみたいなのがなくてとてもおいしかった。

売ってる野菜と作った野菜の味が違うのはなぜだろう。オクラやインゲン豆でそう思った。要因はたくさんあるだろうが、まるで別の食べ物のようだと思う。

自分で作った野菜は、おいしくないものもあるけど、おいしいのは本当に別の食べ物のようで、すごくおいしいものを食べていると実感しながら食べている。

旬の野菜を食べる

できるだけ自分の畑でできるものを食べようと思っているけど、何もない時がある。そういう時は道の駅などで買ってくる。先日、遠出した時にパン屋さんに寄ってパンを買った。おいしそうなパンが並んでいたので6個も買ってしまった。紙コップに入ったサービスのホットコーヒーをいただいたので、駐車場の景色のいい場所に車を止めて、遠くの山を見ながらパニーニを食べた。トマトとバジルとチーズのパニーニで、ひさしぶりに食べたトマトとバジルをすごくおいしく感じた。

そうだ。おいしかったんだ。この組み合わせ。

すごくおいしい…。

旬を意識しない頃は、いつでも食べたいものを食べていた。店には季節に関係なく何でもあったから。

ずっと食べていなくてひさしぶりに食べた時に感じるこの巨大なおいしさは、いつも食べていてその時々に感じる小さなおいしさの合計と同じだと私は思う。

均《なら》すと同じ、というのは私が今まで生きてきて実感している法則だ。

ドカンと来る喜び、絶え間ない小さな喜び、ドカンと来る悲しみ、さざ波のような小さな悲しみ、大きいの、中ぐらいの、小さいの、通奏低音のようなの、あらゆる感情は、一生で均すと、だれもが同じ量だと、いつの頃からか思っている。

今年の夏、トマトができたらバジルとチーズと一緒に、自分でホットサンドを作ろう。

菊芋掘り出しに

黒い犬の畑はもう使わないことになったので、去年植えた菊芋を掘り出しに行く。目印の棒が4本立っている。この辺かなとあたりをつけて棒のあいだをスコップで掘ってみたけど、菊芋は見当たらない。草の根が広がっているだけ。

うーん。どこにあるのかさっぱりわからない。

黒い犬が何してるのかなというふうにこっちを見ている。

「菊芋掘りに来たの」

ちょっと頑張ったけど、菊芋は見つからなかった。もうあきらめよう。もし芽が出たらその時に掘り起こそう。草ぼうぼうになって菊芋がわからなくなって草と一緒に刈られてしまったら、また今年の秋に新しい畑に種イモを植えよう。

黒い犬の方をチラッと見て、心の中でまたねと言う。

新しい畝を立てる

今の畑の幅を2倍にしていいと言われたので、兄に長さを測って線を引いてもらった。そこに畝を立てる。

3月7日。去年は4月2日に畝を立てた。その時は大きなミミズがたくさんいて困った。私はミミズが大の苦手。鍬《くわ》で切ってしまうかもしれないのが嫌なのだ。ここはかつて畑だったところで、今は草が生えるにまかせている。時々兄が草刈りをして、たまに耕運機で耕している。もぐらやミミズがたくさんいる。

でも自然農を始めて、後半はミミズをほとんど見なくなった。安全な場所に移動したのかもしれない。これから立てるところはどうだろう。今はまだ寒いせいかミミズを見かけない。


畝立てを少し進めた。ミミズはいなかった。

スコップで切り込みを入れて、鍬で土を持ち上げる。茶色い土の塊を持ち上げたり、草をほぐして土を触ったりしているうちに、思い出した。

この感覚。土の感触。畝を立てるということ。

畝立ては新しい家族ができるような、新しい家を建てるようなものだった。新しい世界を作り出すことだった。

忘れていた。忘れていて、思い出したことで、繋《つな》がった。一本の糸にように、光のように、スーッとあのおおもとに繋がった。

農閑期で野菜を育てていなかったので忘れていたのだ。

わあ。楽しみ。これからまた。

去年、うまくいかなかったこと、大変だったこと、失敗したことを思い出して、今年はうまくいくようにやってみたい。やる気がわいてきた。

落ち葉たい肥枠・畝立て続き

私も落ち葉たい肥を作りたい。毎年庭に枯れ葉がたくさん落ちるから。

木の杭《くい》を打って板で囲って簡単に作ろうかな…と考えていたら、兄が杭と板が余っているからと作ってくれた。ぎゃあぎゃあ言いながら完成。というのも、お互いに勘違いしていて言ってることがずれているのに気づかず、できた枠の長さが違ってた。で、ぎゃあぎゃあ言い合って大笑い。まあよくあること。兄が言うには、私が途中からほうれん草の間引きか何かを始めて、確認のために質問したのに適当に返事して聞いてなかったからだそう。そうだったっけ。

とにかくこれで落ち葉をたい肥化できるのでうれしい。

畝立ての続きをやった。地面にスコップを刺して線を引く。

黙々と作業しながら思った。今まで草ぼうぼうのただの空き地だったところに、畝を立てるために線を引いて、土を掘り上げると、ここからこっちが畝だとわかる。するといきなり、畑ができる。ゼロから有だ。ゼロから有を生むというのは、ここが境界だと決めるということ、示すということなんだなと思った。自分にも他人にもわかる境目を示すこと。それが意味をつけるということだ。

言葉の始まりってこういうことなんじゃないかなと思った。境界を決めて、示す。形を決めて意味をつける。概念の生まれる瞬間。

ここからが新しい畑。なにも変わってない。私がただ、線を引いただけ。

あれ？　道ができた

早朝、畑に見回りに行った。

白く霜が降りている。そら豆の種を10粒まいたけど、芽が出たのは7つで、そのうち霜で真っ黒になって、今は6つしか緑色の葉っぱが見えない。

畝のあいだの細い通路を歩く。このあいだ幅を広げたので中を歩けるようになってうれしい。トコトコと長方形の畝のまわりを進んで行ったら、あれ？　今まではこの小松菜のところで行き止まりだったけど、先日畝立てをしたのでその先に道ができてる。

新しい道ができて、その先まで歩いていける。

トコトコと先へ進んだ。まだ全部完成していないから途中でまた行き止まりになったけど、道ができていて先に進めた時は感動した。

道ができてる。

何を思い出したかっていうと、ゲームのパックマン。四角い碁盤目の町の道を進む私。トコトコ、くいっと曲がってまたトコトコ。くいっと曲がってトコトコ。

そう。これは町であり、国だ。

畝立ては町づくりであり国づくりでもあった。この町を、この国を、広げるのだ。自由に、思うままに。とても楽しみ。どうぶつの森みたいに好きなふうに野菜の国を作ろう。


始めて半年ぐらいは今の大きさで十分と思っていたけど、途中から、もっと広げたいと思ってきた。手がかからなくて葉っぱが大きく広がる野菜は別の場所に作りたいとか思って。

そして、人々がやはり畑をどんどん広げていく理由が分かった。これは本能のようなものだろう。ある程度まで、その人の何かの大きさにたどり着くまでは広げたいと思うのだろうと。

畑を作っていると、いろいろ思うのでおもしろい。今までのこと、人間関係、人生のこと。そして新しい発見や初めてわかることもある。畑で野菜を作りながら、自分の心も耕し、心の中の何かを育てている。それは、畑じゃなくても、実はなんの仕事をしていても、いや、仕事じゃなくても、生きることに真剣に取り組むときは同じような発展の仕方をするのだろう。

どんな場所で、何をしていても、生きることを、生きることができる。それがわかればもう何でもいいのだ。これじゃなきゃいけない、ということはなくなる。

なにからでも、どこかへたどり着ける。

なにからでも、あるどこかへたどり着ける。

なにからでも、どこへでもたどり着ける。

茹《ゆ》で青菜

今畑にある青菜と花芽を摘んできて茹でた。小さいからし菜、こぶ高菜、水菜や小松菜やターツァイの花芽。緑色がとてもきれい。だし醬油《しょうゆ》に浸して食べる。それぞれに味が違う。残りは次の朝、味噌《みそ》汁に入れた。

畝立ての続きと鳥

畝の上に載せておいた草の根をたたいて草と土を分ける。この時、土埃《つちぼこり》がすごい。この作業を終えたら地面の下にある宿根草の根を鍬で切って、上に草を載せて落ち着かせよう。去年は宿根草の根を切らずにすぐに種を蒔《ま》いたのでチガヤの芽がたくさん出てきて大変だった。根を切らなかったのは、ミミズがたくさんいたから。ミミズが怖くて畝の手入れがよくできなかった。今年はちゃんとしばらく寝かせて、私自身も落ち着いた気持ちで進めたい。

急がず、完璧《かんぺき》を目指さず、来年も再来年もあるのだから、今はできる範囲でやろう。

数日前に畑を眺めていたら、ブロッコリーが骨になっていた。鳥に食べられたよう。あーあと思いながら放っといた。そして今日見たら、キャベツがひどく食べられていた。さすがにこれは看過できない。これから食べられる野菜はキャベツしかないのに。

大変、と思い、ガレージからイボ竹や網などを持ってくる。どうやったらカバーできるか。いろいろ考えて、今はとりあえず網を上にかぶせてまわりに石を載せておこう。そして明日ホームセンターに行って網を地面にとめるピンを買って来よう。

キャベツだけは死守したい。

さやえんどうの半分はたぶんモグラのせいで黄色く枯れてしまった。スナップエンドウの一部も色がおかしい。塀の近くは大きなモグラの穴が通っている。そこは去年インゲン豆を育てた場所でインゲン豆はとてもよくできたんだけど。

急に暖かくなる

3月12日。今日の気温は23度。急に暖かくなって、庭の花が咲き始めた。畑の草花も咲いている。それから白と黄色のちょうちょも見かけた。

ちょうちょ！

ついに来た。青虫の季節だ。覚悟しなくては。

キャベツとブロッコリーに鳥よけネットをかぶせる。

「すべての人が通る道を私も通ってるにすぎないのだ」などと思いながら、ネットの端にピンを突き刺す。

これでよし。ホッとする。去年の3月はまだ畑をしていなかったからキャベツのことはわからなかったなあ。

次に、新しい畝の上に被《かぶ》せる草をたくさん刈る。クローバーやカラスノエンドウ、ホトケノザ。黙々と刈っていたらつくしを見つけた。

おお。つくし。そこだけよけて先を刈る。

大きな袋に2回集めて、9つの畝にばらまいた。茶色から緑色になってこちらもひと安心。ただし上部だけ。畝間はまだ茶色い土が見えている。ここもどうにかしたいところ。

2月は食べるものが何もなかったけど、今はどんな小さな菜っ葉にも花芽がたくさん出てくるので、それを摘んでお浸しや味噌汁に入れている。案外、次々と出てくるものだなあ。

それに庭のふきのとう。みそ炒《いた》めや天ぷら、スパゲティも作った。食べようと思えばヨモギもあるし、これからは筍《たけのこ》やゼンマイも出てくる。春は外にたくさん自然のものがあるので困らない気がする。ということは、12月〜2月に食べられるものを今年は考えて作ろう。大根や里芋をもう少したくさん作ろう。白菜はたとえ巻かなくても葉っぱだけでも食べられる。困った時のルッコラもある。

今年の作付け計画を立てるのが楽しみ。でも頑張りすぎない。焦らない。完璧を目指さない。ちょっとずつ、楽しみながらやっていこう。

楽しめなくなったら、要注意。何かが間違ってる証拠。

人生は続く。急ぐ必要はない。

と、このあいだまで自分の畑だけで賄おうと、完璧を目指そうとして頑《かたく》なだった自分に言い聞かせる。

できたものをおいしく食べて、できなかったものは他所《よそ》からよさそうなものを調達するという「出会いと目利きの楽しみ」がある。

落ち葉たい肥

簡単落ち葉たい肥枠を兄に作ってもらったので、庭の落ち葉を集めた。

私の庭の中では木蓮《もくれん》の落ち葉がいちばん大きくていつも邪魔になっている。厚くて大きくて立派でなかなか朽ちない。その葉っぱを中心に集めた。2回集めたら、もう枠いっぱいになった。

兄に、「来て!」と呼んで、見せる。高さが足りないね。もうあと1段、板を増やすことにした。

上からジョウロで水を撒《ま》いて、米ぬかを少し振りかけて、足でザクザク踏む。ちょっと減った。これで落ち葉たい肥ができたら、庭の枯れ葉の処理と一石二鳥でうれしいのだが。

作りすぎないことが大事なのではなかったか

さつま芋をたくさん作りすぎたので作りすぎないようにしようと思ったのに。さつま芋を作りすぎたのは苗を買いに行った時に20本入りしかなかったから。しょうがなくそれを買って植えたらたくさんできてしまった。今年は5本ぐらいにしたい。

で、じゃがいもだ。60個も植えたらいけない。なのに60個もある。

あの生駒高原夫婦の「ながさき黄金」がおいしかったのでネットで調べて冬に食用に注文した。箱一杯6キロぐらい。それが余ったら植えようと思って芽が出ないかなと楽しみに待っていた。待つよりも食べなきゃいけなかったのだ。

そしたら3月になって芽が出てきた。うれしい。日に当ててたくさん芽が出るようにと願ったら肌がうっすら緑色になった。

それプラス、ちょっと前にホームセンターに行ったらさまざまな種類のじゃがいもの種イモが並んでいたので興奮して5種類ほど、計18個も買ってしまった。実験だと思って。

昨日、「ながさき黄金」の大きいのを種イモ用に半分に切ったら、50個ぐらいあった。さすがにこれは多いと思って芽の小さいようなのを5個ぐらい食用に取った。

合わせて63個。

お風呂《ふろ》仲間に話したら、「それは多いよ。芽が出て緑色になっても厚くむいたら食べられるよ」と言う。

家に帰って、じっくり触ってまだ硬そうなの、食べられそうなのを、やっとの思いで10個ほど選んだ。芽と緑色の皮を厚くむいて食べよう。

ということで今、ガレージに種じゃがいもが全部で53個ある。これ以上はどうしても減らせなかった。半分に切ったのは食べたくないし…。

そう。作りすぎには注意と思っていたのにこんなことになってしまった。

原因はなにか。「ながさき黄金」がおいしかったという強い憧《あこが》れにひっぱられた読みの甘さだ。

きゃあ〜。

しょうがない。じゃがいもはさつま芋と違っておかずになる。たくさんできても食べられるだろう（ちなみにさつま芋は温泉場の蒸気で蒸してすべて干し芋にした。それが昨夜完成した。密封袋で15個もできた。冷凍した。おいしいです）。

同じ野菜は同じ場所に

夜中にひさしぶりに雨が降ったのでうれしく、朝の見回りに飛び出す。鳥よけネットをかぶせたキャベツとブロッコリーもチェック。大丈夫そう。ネットが足りなかったところのブロッコリーが突かれたのかはわからなかった。

そう。同じ種類の野菜は同じ場所に植えないとネットをかぶせたりするときに大変だということが今回わかった。キャベツとブロッコリーの小さな芽が出た時に間引くのがもったいなくて空いた場所にちょこちょこ移植した。そうしたら狭い畑の6カ所にバラバラに育ってしまい、ネットも6カ所にかけている。今年はひとつの種類はひとつの場所にかため

手入れも収穫もバラバラだと不便だ。今年はひとつの種類はひとつの場所にかためよう。

我慢する

ひとつ、私が今、自分に言い聞かせていることがある。

いろんな野菜を植えたくて、実験だと称してたくさんの種を買った。

これから蒔《ま》ける野菜が50種類はある。それを全部蒔いて丁寧にお世話することは、たぶんできないだろう。

無理して全部作ろうとしないこと。

種の袋には種が、多いのでは何百粒も入っている。もったいないと思わないで、とにかく蒔いとこうと思わないで、目が届く分量だけ蒔く。5粒ぐらいでもいいじゃないか。ひとつの種類で、苗は3本でいいよ。

落ち着いて手入れできる量だけ蒔く。「まあいいか。蒔いておこう。どうにかなる」なんて思わないで、じっと我慢する。そうしないと小さい芽がたくさん出てきて結局全部育たないか、手入れが大変になるだけ。

ときどき衝動的になる私に今、必要なのは、長い目で見て行動すること。衝動を我慢すると、不思議なことに、ちょっとたったら治まってる。ゆっくりやろうと思えれば、肩の力が抜けて、気持ちが安定する。知る楽しみが長く続くと思えばいいんだ。

花木を植える

実験のために買ったじゃがいもの種イモを植え付けた。深さは…とあれこれ迷いながら。

それから、道路沿いに花木を植えた。いつも草ぼうぼうになっている斜面。チガヤのような草が主で、中に彼岸花やヒメジョオン、ノビルみたいなのが点在している。

道を通る人がたまに声をかけてくれるので、花などを植えてきれいにしたい。花も、家の庭で挿し木して育てたものにしようと思い、山アジサイ、チェリーセージ、銀梅花、シモツケを掘り起こして持って行く。

草花も咲いたらちょこちょこ植え足そう。いっぺんにやるのは大変だから、1本ずつ、増やしていこう。

宿根の硬い根を掘りながら、いつも庭の草取りや畑の手入れの時に思うことをまた思った。

庭に花を植える時、うまく根づいてたらいいなあと無意識に願いながら植えている。根が千切れたけど大丈夫だろうか、この場所でいいだろうかなどと心配する。雑草があったら根っこごと引き抜く。雑草は少しでも根が残ったらまた生えてきてしまう。

畑に野菜の苗を植える時も、根づくだろうかと気になる。太陽や雨を気にする。近くに草があったらすぐに切ったり抜いたりする。

野菜は根づきにくい、雑草は死ににくい。

何かを特に育てようとするってことは、何かを特に選んで生かし、何かを生かさないということ。育てたい花や野菜を選んで生かし、あってほしくない雑草を殺すということ。大切に増やしていた草花が増えすぎて、途中から抜き始めたこともあった。

同じ生き物なのに自分の欲しいものと欲しくないものへの対応がこんなにも違う。でもあの日。いつもなら嫌っていた雑草がたい肥になることがわかって、必死に探していた時に見つけた雑草は貴重な宝に見えた。

つまり、何を欲しいかということ。欲しいという気持ちは私のエゴだ。私のエゴが私のいる世界に存在するものの価値を決めている。

必要な草、不必要な草、必要な花、不必要な花、必要な野菜、不必要な野菜、それらの境目を決めるのは私の敷地内では私。

必要か必要でないか。それによって、どちらにも変わる可能性はある。

そんなことをいつも思いながら、殺したり生かしたりしている。

人間だって同じかもしれない。

種を蒔く

急に暖かくなったので一気に草花や菜の花が咲き始めた。

種を蒔こう。今年は苗立てに挑戦したいと思っているけど、なぜか気が進まない。

苗立ては少数先鋭でいこう。これ、という時にやろう。気持ちが集中できる時に。

今はあまりにも暖かくて気持ちがいい。外に出て土を直接触りたい。

それで、いくつかの種の袋を持って畑に向かった。去年植えたものをまたその近くに植えよう。

紫色のからし菜は大好き。去年うまく育ったし、形が複雑でかっこいいからこれがあるとサラダがキュッとしまる。好きな野菜の種を蒔くのはうれしい。かぶはちょっと苦手なのであまり楽しくない。でも今年はうまくできて好きになるかもしれない。花が咲いている水菜のあいだに水菜の種を蒔こうとして、うーん、と迷う。このす

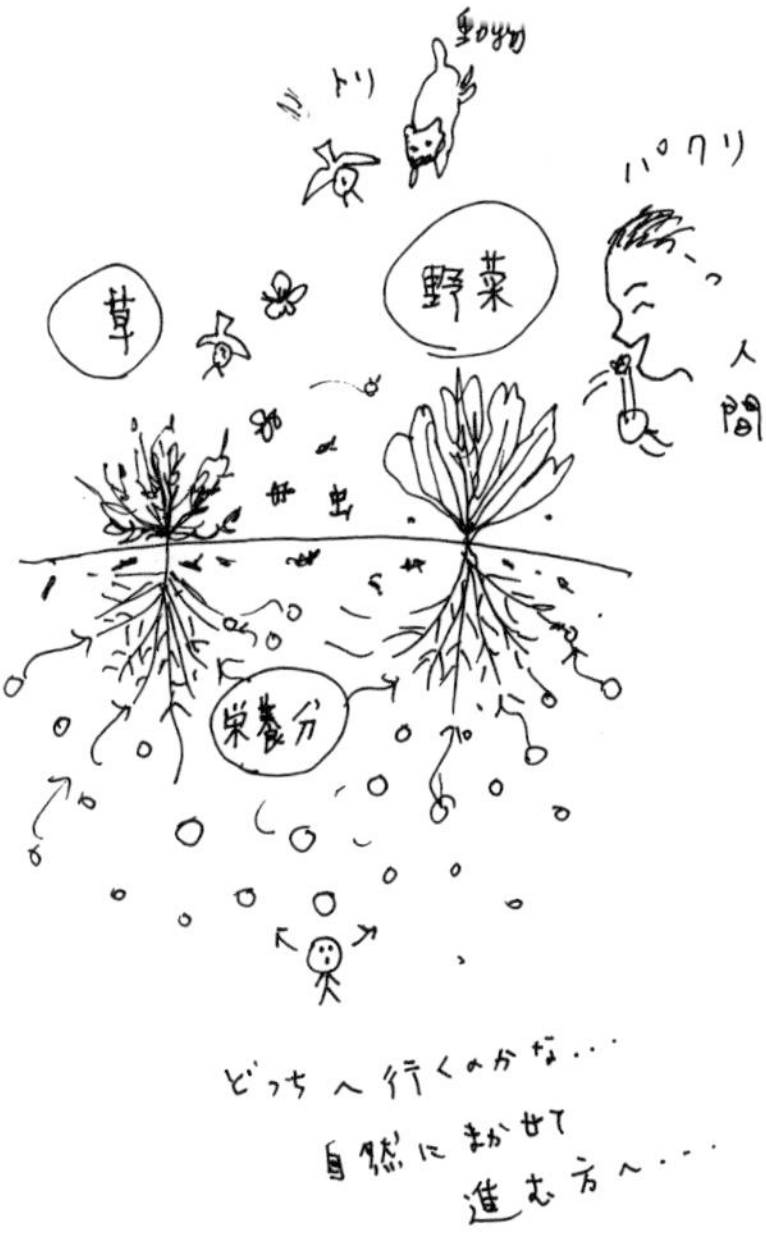

ぐ近くの草は刈ろうか、抜こうか、そのままにしておこうか。どっちがいいだろう。

その場所によって状況によって最善手が変わる。

考えてみると、土の中の栄養分が草に取り込まれて育つと私たちには食べられないものになるし、野菜に取り込まれて育つと食べられるものになる。野菜は養分を人間に運ぶ仲介役なんだ。この養分、草に行くか、野菜に行くか。

そして、それぞれの野菜によって違う味がするというのはなんてすごいこと。食べ物によっていろんな味があるって、おもしろいというか、不思議というか、贅沢《ぜいたく》というか。たくさんの味を味わえるというのは洗練された文化のたまものという気がする。

小さいのは子ども、大きいのは大人、じゃなかった

野菜が育っていき、ほんの数センチのものから数十センチのものまで大小さまざまな大きさになる。私はその中で小さなのはまだ子ども、大きくなったのが大人かと思っていたけど、そうじゃなかった。小さいのも大きいのも、ある時季になったらその大きさで同じように花を咲かせて種ができる。大きさが違うだけ。

最初にそれを思ったのが去年、こしょう草を蒔いた時。あまり大きくならず、3〜10センチぐらいのが横一列に十数本、弱々しげに並んで生えた。葉っぱの一部を千切

って噛《か》んだら、いい香りと辛みがあった。でも食べるほどの大きさにならなかったのでそのまま放っておいたら、やがて花が咲き始めた。一番小さなものにも花が咲いた。これは小さくても大人なんだとびっくりした。

そして今、畑のアブラナ科の野菜がいっせいにトウ立ちして花を咲かせている。どの花も似ているけどよく見るとちょっと違う。花は黄色い色が多い。背の小さなものも花を咲かせている。これはこれなりに完成しているんだ。

ほーっと感心して、小さな小さな小松菜の花をじっと眺めた。

春の植栽計画

これからの植栽計画を立てる。ノートに簡単に図を描く。

小さい畝が９つも増えてうれしい。ここに人参《にんじん》、ここにトマト、今年はスイカを成功させたいなあ。去年おいしかった枝豆も。オクラはおいしかったけど今年もうまくできるだろうか。自信がない。あ、落花生を忘れてた。

消しゴムで消して書き直して…。

でもきっと、実際にやってみるとさまざまな予定外のアクシデントが起こるだろう。あまり計画を立てすぎないで、自然に任せてやっていこう。

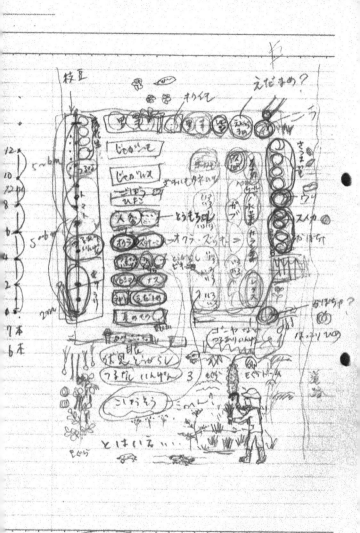

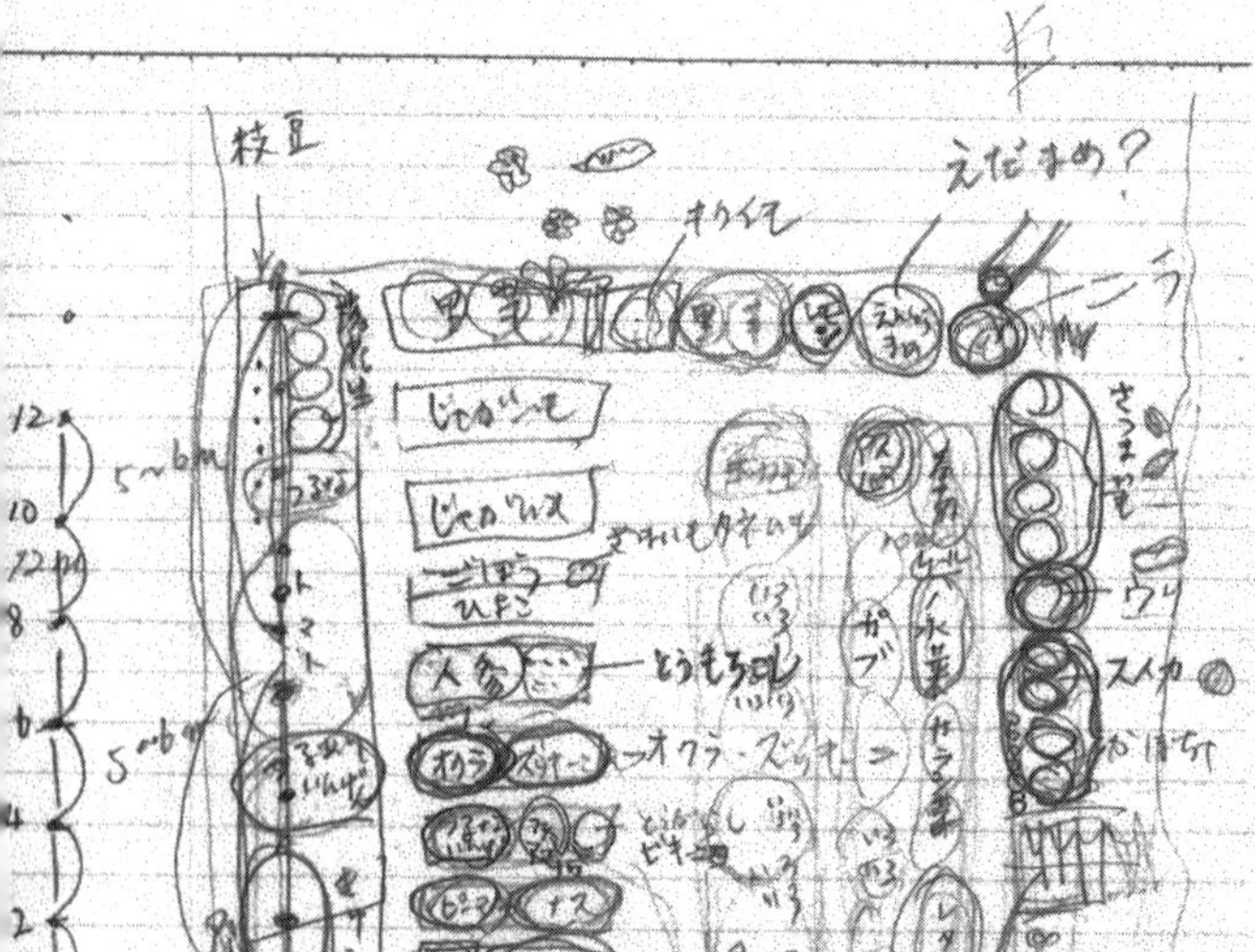

枝豆
えだまめ？
ニラ
じゃがいも
じゃがいも
人参
とうもろこし
オクラ・ズッキーニ
ナス
トマト
さつまいも
ウリ
スイカ
かぼちゃ
カブ
レタス
かぼちゃ？
ほっこりひめ
伏見甘長とうがらし
つるなしいんげん
もぐらドーム
とはいえ…

11月　のらぼう菜

ちょっと前に、「急がない。すぐに完璧《かんぺき》を目指さない」と決めたので肩の力がふーっと抜けた。今年あれもこれもと思わずに、今年、これをひとつ、あれは来年、そのあとはその次の年に。

少しずつ作り上げていく過程が楽しい。いや、過程こそが楽しいのだ。

途中の日々が宝物。

途中にはそう思えないけど、振り返ればわかる。途中こそが宝だったと。

楽しくないと感じるのは何かがおかしい

知人に誘われて、山の中の神社で行われた修験《しゅげん》道の秘法「柴燈護摩供《さいとうごまく》」を見る機会を得た。それが何かも知らずに、出不精の重い腰を上げて誘いにのったのだが、それはとても素晴らしい体験だった。

その場にいた人はわずかに20〜30人で、子どもを背負った若い女性や老夫婦、近所の人、これを目当てにきた人もいたかもしれないけど、非常に素朴な人々の一瞬の集まりだった。

ヒノキの葉で覆われた丸い塊から煙が立ち上り、やがて炎と火花に包まれていく様子を、最初はぼんやりと、やがてハッとして、食い入るように見つめた。

これは、神聖な何かだ。

山伏《やまぶし》の方の振る舞いと祈り。最後の短い「報告」のようなお話。大事なことだけを急ぎ、伝えたようなそのお話。わからないけど、これは貴重なものなんだ。

「ご縁のあった方々と」と山伏さんはおっしゃった。

そうなのだ。私は不承不承だったけど、こんな私でももしかするとご縁があったのだ。そう思った瞬間、シャキーンと精神の背筋が伸びて、ゴクリ、ハハーッとなった。

この山伏さんの言うことは信じられる。この方が言葉を私たちに伝えている時の空気の中で、すごく大切な何かを伝言されたような気がした。儀式は神へ、だけど、言葉は私たちに。

最後、炎の前でひとりひとり、背中から何かをしてもらった。これは生まれ変わりの儀式でもあるらしい。

で、帰ってきて、次の日から日常生活はいつものように続いた。

でも私の気持ちは変化していた。

その変化した気持ちからまわりを見てみると、今、していることでちょっと違う、もうずれていると感じることがあった。

あれはもうやめよう。

どのようにやめたらいいか。離れたらいいのか。今はわからないが、そのうち自然にわかるだろう。

畑に出て、作業を始める。

ぼかしは発酵せず失敗したなあ。落ち葉たい肥を足で踏もうか、草を刈って畝に敷こうか、モグラが通った穴で沈み込んだすみっこを修復しようか。

でもなぜか気が進まない。やる気にならない。このあいだまではどの作業も楽しかったのに。なにをやるのも楽しくて、時間が足りないほどだったのに。

たまにある。こういう時。なぜかやる気が起きない時。

好きでやってる仕事や作業というのは本来、楽しいことのはず。楽しくなかったり面倒くさいと感じたりしたら、何かが間違っている。

急ぎすぎていないか、無理していないか、背伸びしすぎていないか。

よくよく考えていくと、間違っている箇所に気づく。

そこか。

なので、立ち止まり、ホッと息をつくと、力が緩む。

気張りを手放した瞬間だ。

ゆっくりやろう。

するとまた世界は楽しいものとなる。楽しいものとなって目の前に広がる。

目の前に新しく立ちあがる。
何度でも立ちあがる。

ゆっくりゆっくり、落ち着いて、肩の力を抜いて、と念仏のように唱えていたのは、本当にはまだゆっくりできていなかったからだ。口では何度も言っていてもまだ身に沁《し》み込んでいない、腹に落ちていない時期がある。

そして、何かがわかった！　と思っても、その「わかった！」は永遠に終わりのない玉ねぎの皮むきのようなもの。永遠に続く階段の一段のようなもの。そこから先のことはやはりわからない。

でも「わかった！」と思う瞬間はたとえようもなく楽しい。

限りない「わかった！」を死ぬまで続けて、ある時パタリと死ぬ。その倒れた場所も長い階段の途中。そのあとの死後の世界でもまた「わかった！」を繰り返して先へ先へと進みたいなあ。

3月下旬、花芽が次々と

2月は食べる野菜がないなあと思っていたが、3月になって、菜っ葉の花芽がどんどん伸びてきた。この花芽がおいしいと教わって、炒《いた》めたり、お浸しにしたり、お味《み》噌《そ》汁に入れたり。スパゲティにしたり。本当になんにでもできる。

しかも地面にペタリとへばりついて縮こまっていた菜っ葉が、花が咲くとなったらいきなりグーンと10倍、いや中には30倍ぐらいにも伸びてびっくり。怖いほどの生命力を感じた。わき目もふらず、人目も気にせずみたいな。

そして、ひとつ取っても、次から次と下からまた花芽が出てくる。取っても取っても出てくるお得感。これは知らなかった。なので3月は食べ物が豊富だった気がする。でもなんか花芽って最初、食べるのが悪いような、いいのか悪いのか、躊躇《ちゅうちょ》するような感じも少しした。

で、今日は人に聞いて知った野蒜《のびる》を採集する。野蒜は道と畑の斜面の草の中にたくさん生えていた。細いネギのような葉っぱで、分葱《わけぎ》のように茹《ゆ》でて酢味噌で食べるとおいしいのだそう。

草の斜面はガラガラした石が多く、たまにゴミも落ちている。この中に生えているのを食べるのはとても気が進まなかったけど、試しにということで頑張って掘ってみた。丸くて白いらっきょうのような球根がついている。極小のものもとりあえず掘った。

きれいに洗って茹でて、酢味噌で食べたらおいしかった。

1年に1度でいいから毎年食べようと思った。

そういうものって多い。ヨモギのナムルも春に、1年に1度くらいは食べてもいい。

そう考えると案外、1年に1度のものを食べ続けるだけで1年が終わったりして…。

究極はそういうことかもしれない。1年に1回ならギシギシの芽のお浸しもつくしの佃煮《つくだに》も面倒だけど食べてもいいかなと思うもの。

今の畑を見てみると…。

お多福豆は結局、10個中6個しか育ってなくて、しかも極小。8センチぐらいしか伸びていない。霜に当たって何度も葉っぱが真っ黒になってしまった。

ニンニクもヒョロヒョロ。これは種ニンニクがよくなかったと思う。食べるために買ったもので小さくカラカラに乾いていたのを植えたので。

安売りで買った玉ねぎも瀕死《ひんし》の状態。これも苗が悪かった。今後は種や苗はちゃんと元気なものを選ぼう。悲しいヒョロヒョロトリオだ。

えんどう豆3種（スナップエンドウ、絹さや、えんどう豆）は、伸びているのもあれば茶色く枯れかかっているのもある。

新しく畝立てした9列には、3列にじゃがいもとひよこ豆とゴボウの種を蒔《ま》いた。それ以外はまだそのまま休ませている。

今年はたくさん植えなくてもいい。インスピレーションにしたがって動こう。

落ち着いて。

畑も野菜も、逃げないよ。

そうだね。

ゆっくりやろう。

ゆっくりじっくり。ゆっくりやればやるほど、その途中にあるものが見える。その見えてくるものを私は見たい。

だからできるだけゆっくりやってそれを見よう。それこそを見てみたい。

巻き始めたキャベツ

畑の手入れをしていたら、見覚えのない草の葉が出ていた。これはもしや去年の夏に種を蒔いて芽が出なかったおかひじきではないだろうかと思い、周囲の草を刈って敷き、大事に整えた。そして隣の方に草刈りを進めて行ったら、同じ草の葉がいっぱい出ていた。なんだ。やっぱり雑草だった。よく見るとそこら中に出ている。

キャベツが小さく巻いて、もう食べられそう。去年の春に育てた時は青虫がいっぱいいて全然大きくならなかった。なのでとてもうれしい。

ザクッと切って外側の葉を油で炒めて食べてみた。色もきれいで、柔らかく、すごくおいしい。ひさしぶりに自分で育てあげた野菜を食べたという気分。しばらくこれというものができてなかったからなあ。

実は先日、最近人参《にんじん》を食べていないのでたまには買って食べようと思い、近所の野菜売り場で買ってみた。大きくてきれいな2本入りで生産者の名前が明記されている。その人参を輪切りにしてソテーしたらとても変な味がした。なんというか、嫌な味だった。次の日に、今度は細く切って炒めようと思い、細く切ったものを生のままちょっと味見したらやはりすごく変な味がした。えぐみなのか何なのか、人参臭さというのか、これはどうしても食べられないと感じ、捨ててしまった。今まで捨てたことなんてなかったのに。

そしてこのキャベツ。芯《しん》を細く切って味見したら、ほの甘くて、とてもおいしい。変な味がしない。透明感がある。

私は、買ってくる野菜は無意識に「信用できない」と思っているところがある。どこでどういうふうに作っているのかわからないから。自分で作った野菜を食べるとその信用できない部分が浮き彫りになる。その部分はすごく奥深くまで続いている感じ。

前に、買ってくる野菜と自分で作った野菜は他人の子どもと自分の子ども、他人の親と自分の親、くらいの違いがあると書いた。本当にそうなのだ。野菜はどれも味が違う。すごく違う。

ギシギシのお浸し

ギシギシの食べ方を知ったので今日は野草を食べようと、カゴとキッチンバサミを手に前の草地に入る。ギシギシの新芽。切り口がぬるぬるするという。本当だ。

それからヨモギ。このあいだ初めてヨモギナムルを作ったけどあの時はまだ葉っぱが小さすぎた気がする。もっとふわっと広がった葉で作ってみたいと思っていたところ。広がった葉が出ている。菜の花もいくつか摘んでお味噌汁の具にしよう。

作りました。ギシギシは、うーん、それほどおいしいとは思わず、ヨモギナムルはヨモギの葉の重厚感があるけどこちらもあまり。菜の花はお味噌汁に入れたので普通。

それほどでもなかった…。私の調理法がよくなかったのかもしれない。要研究。

苗立て

畑の土を使ってポットで育苗をしているけど水はけが悪いようであんまりうまくいかない。この土ではいけないのかも。草の種や、よく見ると虫もいるしで取ってきた土の袋に近づきたくない気持ちにまでなってしまった。

そうだ。キッチンペーパーを水で湿らせて家の中で芽出しをしよう。いくつかの種をお刺身トレイに入れて芽出しをしたらレタスとからし菜の芽がすぐに出た。

小さい小さい芽。いや、これは根かな。白いの。これを畑に置いたらすぐに消えそう。いっぺん小さいポットで育てた方がいいかもなあ。

で、今年は土まではできなくてもいいことにして、ホームセンターで種まき用の土を買ってきた。それをポットに詰めて、芽（根）の出た種を移し替える。レタスが何十個も。こんなにはいらないか。根づいたらいいけど。

もぐらドーム

暖かくなったせいか、もぐらがすごく活発に動き始めた。

朝見回りに行ったら、もぐらドームがくねくねと畝を横切っていた。芽が出たばかりの大根や小さな玉ねぎがぼこっと持ち上げられている。あーあ。足で踏めるところは踏んだけど、踏めないところもあった。

去年買った2年苗のアスパラの芽が土から出てきてる。

おお。細いの太いの3本ぐらい。どうしたらいいのだろう。新鮮な芽を摘み取ることに躊躇《ちゅうちょ》する。そのあとに出てきたのをやっと採ることができた。2本採った。

それからスナップエンドウの実ができていた。4個。

それと去年、リウナ仲間にもらったニラの苗に新しい葉が出ていたのでニラ玉用に少し切り取る。

アスパラとスナップエンドウをドキドキしながら味見した。甘くて、柔らかくて、とてもおいしかった。これこれ、この感じ。

4月2日

今朝は最低気温が4度の予報だったので昨日、じゃがいもに不織布をかぶせておいた。

朝起きて、アスパラについて調べていたら生えてきたアスパラは採ってもいいという。あとのほうのを残せばいいらしい。かえってそのまま伸ばすといけないみたいなことを言ってた。きゃあ~。採らなかった最初のがのびているかも。と、急いで畑へ。

まずじゃがいもの不織布をはいで様子を見る。大丈夫だった。それからアスパラを見たら、細めの1本はもう高く伸びている。太めの1本は40センチぐらいになっている。ギリギリだ。うーん。どうしよう。採るか、このままか。下の方はもう硬くなってるなあ。先の方はまだよさそう。迷った末、採ることにした。

ハサミでパキリ。

野菜の一生を見た
まあまあ

新芽・若葉を食べる野菜
葉、茎、つぼみ
花、実、種、
根を食べる野菜
いろいろだった

それぞれの部分を
おいしく特化

家に戻って、さっそく下の方の皮をピーラーで削って、数センチ幅に切って、油で炒《いた》める。塩コショウ、パラリ。小皿にとって、そのまま台所でパクリ。

うまい！

いちばん下の方の周囲は確かに硬くなっていたが、硬い皮の内側がすごく甘かった。その甘さは柔らかいところよりも甘いぐらい。サトウキビの皮を噛《か》んで出すように、そのアスパラの皮も出した。でもおいしさには驚愕《きょうがく》。

うーん。この味…。すごい。

アスパラの下の方の皮をピーラーで削りながら思った。野菜は花芽ができてトウがたつと茎が硬くなる。アスパラも長く伸び始めると皮が硬くなる。硬くなるのは上に高く伸びるため。しっかりした根と硬い茎を使って。

人も、高く伸びるためには土台がしっかりしていて強い芯が必要なんだろうなあ。

ポットのレタスが双葉になっていた。まだ5つぐらいだけどとてもうれしい。

畑に出て、今日の作業をする。ゆっくりやることにしたのでやることはまだあまりない。草を刈って敷こうかな。

今日は4月2日。畝立てをして自然農を始めたのが、去年の4月2日だった。ちょうど1年たった。去年は気がはやっていて、とにかくたくさんの野菜の種を蒔《ま》いて、早く様子を見たいと思っていた。

今年は、去年ほど焦っていない。ただ、この奥にはすごくおもしろいもの、いいものが潜んでいるという実感がある。土の中に宝物が埋まっているけど、どこにあるのかはわからない。すぐ近くにあるのに気づかないまま隣を掘っているかもしれない。

それでもいいけど、慌てていたという理由でそれらを見過ごさないように、どちらかというと自分を抑える方向に手綱《たづな》をひきながら進んでいこうと思う。

あとがき

　私が自然農に興味を持ったのは、もともと野菜を作りたいと思ったからではなく、他に依存しないで死ぬまでできるもの、今後の人生に充足感を与えてくれるものが何かあるだろうか…と考えていて出会った、どちらかというと思想的・哲学的な入り口からだった。

「島の自然農園」の動画の中で語られていた川口由一さんがおっしゃっていたという言葉を聞き、そこに強い何かを感じて、この1年、集中して頑張った。

　その作業はとても楽しかった。そしてさまざまなことを感じ、考えた。

　本作り、家の中、庭のこと、畑。何をしていても、新しい発見があって、新しい失敗もある。新しい失敗を経験できたということは、新しい成功の可能性を得たということでもある。

　人は、いや生き物はいくつになっても、死ぬまで、進歩する性質があると思う。本能というのかもしれない。これから先にどんなことを感じていくのか、想像できないけど、今日一日を普通に生きよう。今日やることを楽しくやろう。そう思いながら、毎日を過ごしています。それではまた報告します。

銀色夏生

2022年5月30日の畑
新しい畝の奥から菊芋、里芋、じゃがいも、ごぼう、
ひよこ豆、人参、枝豆、オクラ、トウモロコシ、落花生。
境界のネット下にはインゲン豆、ズッキーニ、トマト、かぼちゃ、スイカ。
右端の畝にはレタス、なす、ピーマン、ネギ、そのほか春菊の花や高菜の
種などいろいろ。
手前の壁際にきゅうり。去年こぼれたらしいじゃがいもとつる菜の芽も。
中央手前に庭から移植したネムの木の葉が見えます。

毎日使っているノコギリ鎌。よく掘れる鍬《くわ》。愛用の長靴。

自《し》然《ぜん》農《のう》1年《ねん》生《せい》　畑《はたけ》は私《わたし》の魔《ま》法《ほう》のじゅうたん

銀《ぎん》色《いろ》夏《なつ》生《を》

令和4年 7月25日　初版発行

発行者●堀内大示

発行●株式会社KADOKAWA
〒102-8177　東京都千代田区富士見2-13-3
電話　0570-002-301(ナビダイヤル)

角川文庫 23251

印刷所●株式会社暁印刷
製本所●本間製本株式会社

表紙画●和田三造

●お問い合わせ
https://www.kadokawa.co.jp/（「お問い合わせ」へお進みください）
※内容によっては、お答えできない場合があります。
※サポートは日本国内のみとさせていただきます。
※Japanese text only

ISBN 978-4-04-112604-2　C0195

◇◇◇

角川文庫発刊に際して

角川源義

第二次世界大戦の敗北は、軍事力の敗北であった以上に、私たちの若い文化力の敗退であった。私たちの文化が戦争に対して如何に無力であり、単なるあだ花に過ぎなかったかを、私たちは身を以て体験し痛感した。西洋近代文化の摂取にとって、明治以後八十年の歳月は決して短かすぎたとは言えない。にもかかわらず、近代文化の伝統を確立し、自由な批判と柔軟な良識に富む文化層として自らを形成することに私たちは失敗して来た。そしてこれは、各層への文化の普及滲透を任務とする出版人の責任でもあった。

一九四五年以来、私たちは再び振出しに戻り、第一歩から踏み出すことを余儀なくされた。これは大きな不幸ではあるが、反面、これまでの混沌・未熟・歪曲の中にあった我が国の文化に秩序と確たる基礎を齎らすためには絶好の機会でもある。角川書店は、このような祖国の文化的危機にあたり、微力をも顧みず再建の礎石たるべき抱負と決意とをもって出発したが、ここに創立以来の念願を果すべく角川文庫を発刊する。これまで刊行されたあらゆる全集叢書文庫類の長所と短所とを検討し、古今東西の不朽の典籍を、良心的編集のもとに、廉価に、そして書架にふさわしい美本として、多くのひとびとに提供しようとする。しかし私たちは徒らに百科全書的な知識のジレッタントを作ることを目的とせず、あくまで祖国の文化に秩序と再建への道を示し、この文庫を角川書店の栄ある事業として、今後永久に継続発展せしめ、学芸と教養との殿堂として大成せんことを期したい。多くの読書子の愛情ある忠言と支持とによって、この希望と抱負とを完遂せしめられんことを願う。

一九四九年五月三日